北咨咨询丛书　丛书主编　王革平
·规划研究·

基础设施高质量发展
——首都探索和实践

主　编　张　龙　叶　曾
副主编　马　鑫　李纪宏

中国建筑工业出版社

图书在版编目（CIP）数据

基础设施高质量发展：首都探索和实践 / 张龙，叶曾主编；马鑫，李纪宏副主编. -- 北京：中国建筑工业出版社，2024.12. --（北咨咨询丛书 / 王革平主编）. -- ISBN 978-7-112-30665-7

I. TU99

中国国家版本馆CIP数据核字第2024U674J4号

责任编辑：毕凤鸣　李闻智
责任校对：赵　力

北咨咨询丛书
·规划研究·
丛书主编　王革平

基础设施高质量发展——首都探索和实践

主　编　张　龙　叶　曾
副主编　马　鑫　李纪宏

*

中国建筑工业出版社出版、发行（北京海淀三里河路9号）
各地新华书店、建筑书店经销
华之逸品书装设计制版
北京市密东印刷有限公司印刷

*

开本：787毫米×1092毫米　1/16　印张：14½　字数：265千字
2024年12月第一版　2024年12月第一次印刷
定价：68.00元
ISBN 978-7-112-30665-7
（43986）

版权所有　翻印必究
如有内容及印装质量问题，请与本社读者服务中心联系
电话：（010）58337283　QQ：2885381756
（地址：北京海淀三里河路9号中国建筑工业出版社604室　邮政编码：100037）

北咨咨询丛书编写委员会

主 编：王革平

副主编：王长江 张晓妍 葛 炜 张 龙 朱迎春 李 晟

委 员（按姓氏笔画排序）：

王铁钢 刘松桥 米 嘉 李 东 李纪宏 邹德欣

张 剑 陈永晖 陈育霞 郑 健 钟 良 袁钟楚

高振宇 黄文军 龚雪琴 康 勇 颜丽君

本书编委会

主　编：张　龙　叶　曾
副主编：马　鑫　李纪宏
编写人员（按姓氏笔画排序）：
　　　　马　鑫　王　涛　王晓伟　李　描　李剑华
　　　　沈惠伟　张　娜　国善博　胡百乐　姚慧芹
　　　　高　菲

丛书序言

改革开放以来,我国经济社会发展取得了举世瞩目的成就,工程咨询业亦随之不断发展壮大。作为生产性服务业的重要组成部分,工程咨询业涵盖规划咨询、项目咨询、评估咨询、全过程工程咨询等方面,服务领域涉及经济社会建设和发展的方方面面,工程咨询机构也成为各级政府部门及企事业单位倚重的决策参谋和技术智囊。

为顺应国家投资体制改革和首都发展需要,以提高投资决策的科学性、民主化为目标,经北京市人民政府批准,北京市工程咨询股份有限公司(原北京市工程咨询公司,以下简称"北咨公司")于1986年正式成立。经过近40年的发展,公司立足于首都经济建设和城市发展的最前沿,面向政府和社会,不断拓展咨询服务领域和服务深度,形成了贯穿投资项目建设全过程的业务链条,一体化综合服务优势明显,在涉及民生及城市发展的许多重要领域构建了独具特色的咨询评估理论方法及服务体系,积累了一批经验丰富的专家团队,为政府和社会在规划政策研究、投资决策、投资控制、建设管理、政府基金管理等方面提供了强有力的智力支持和服务保障,已成为北京市乃至全国有影响力的综合性工程咨询单位。

近年来,按照北京市要求,北咨公司积极推进事业单位转企改制工作,并于2020年完成企业工商注册,这是公司发展史上的重要里程碑,由此公司发展进入新阶段。面对新的发展形势和要求,公司紧密围绕北京市委全面深化改革委员会提出的打造"政府智库"和"行业龙头企业"的发展定位,以"内优外拓转型"为发展主线,以改革创新为根本动力,进一步巩固提升"收放有度、管控有力、运营高效、充满活力"的北咨管理模式,进一步深化改革,建立健全现代企业制度,进一步强化干部队伍建设,塑造"以奋斗者为本"的企业文化,进一步推动新技术引领传统咨询业务升级,稳步实施"内部增长和外部扩张并重"的双线战略,打造高端智库,加快推动上市重组并购进程,做大做强工程咨询业务,形成北咨品牌彰显的工程咨询龙头企业形象。

我国已进入高质量发展阶段，伴随着改革深入推进，市场环境持续优化，工程咨询行业仍处于蓬勃发展时期，工程咨询理论方法创新正成为行业发展的动力和手段。北咨公司始终注重理论创新和方法领先，始终注重咨询成效和增值服务，多年来形成了较为完善的技术方法、服务手段和管理模式。为完整、准确、全面贯彻新发展理念，北咨公司全面启动"工程咨询理论方法创新工程"，对公司近40年来理论研究和实践经验进行总结、提炼，系统性梳理各业务领域咨询理论方法，充分发挥典型项目的示范引领作用，推出"北咨咨询丛书"。

本丛书是集体智慧的结晶，反映了北咨公司的研究水平和能力，是外界认识和了解北咨的一扇窗口，同时希望借此研究成果，与同行共同交流、研讨，助推行业高质量发展。

序

基础设施作为经济社会健康发展的基石，其设施网络、设施质量、服务能力都直接关系国民经济体系整体效能。基础设施建设是稳投资、扩内需、拉动经济增长的重要途径，也是促升级、优结构、提高发展质量的重要环节。

党的十八大以来，以习近平同志为核心的党中央高度重视基础设施建设，在重大科技设施、水利工程、交通枢纽、信息基础设施、国家战略储备等方面取得了一批世界领先的成果，基础设施整体水平实现跨越式提升。北京作为首都，基础设施建设发展水平在全国具有标杆性和示范性作用。党的二十大报告提出要优化基础设施布局、结构、功能和系统集成，构建现代化基础设施体系，这对于保障国家安全，畅通国内大循环、促进国内国际双循环，扩大内需，推动高质量发展，都具有重大意义。

在全党全国各族人民迈上全面建设社会主义现代化国家新征程、向第二个百年奋斗目标进军的关键时期，北京正以前所未有的决心和力度，开启新时代首都高质量发展的新篇章。基础设施作为城市的骨架和脉络，是首都高质量发展的重要内容，事关首都发展大局。要全面落实中央有关决策部署，统筹发展和安全，主动谋划、超前布局，以首善标准加快推进首都现代化基础设施体系建设，为高质量发展蓄势赋能。要围绕城市安全韧性和功能品质提升、京津冀协同发展等领域，加快实施传统基础设施升级改造、联网补网强链等建设任务。要坚持主动发力、适度超前，以规划为引领，充分发挥国际科技创新中心资源优势，精心布局一批强基础、增功能、利长远的新型基础设施项目，推动新经济新产业新业态拔节生长。

北咨公司贯彻打造"高端智库"和"行业龙头企业"的战略定位，多年来紧扣首都中心工作，为首都基础设施发展贡献了智慧、提供了决策支撑。奉献给读者的这本"基础设施高质量发展—首都探索和实践"，是"北咨丛书"的系列成果之一，是北咨公司在总结40年来参与北京市及国家级重大投资建设项目的规划研究、项目前期咨询、设计咨询、建设咨询、投资管理等工程咨询服务经验的基础上，形成的关于首都基础设施发展的研究成果。本书的出版，是对首都基础设施建设成果的梳理与总结，更是北咨公司树立"北咨品牌"的具体实践。希望这套丛书对其他城市在推动城市建设和基础设施发展，进行理论研究和实践有所启迪。北咨公司将持续关注首都基础设施发展，为建设国际一流的和谐宜居之都贡献力量。

2024年12月于北京

前 言

交通、水务、能源、园林绿化及市政等基础设施，是经济社会发展的重要支撑，具有战略性、基础性、先导性作用。

新中国成立70余年来，我国基础设施实现了从整体滞后、瓶颈制约、基本缓解到总体适应的跨越式转变，建设了港珠澳大桥、青藏铁路、南水北调、北京大兴国际机场等众多代表性超级工程。以基础设施辉煌发展史为代表的"大基建时代"，创造了"中国奇迹"中最引人注目的成就。北京作为对标世界城市的大国首都，特殊的政治地位，深厚的城市底蕴，以及丰富的科技创新资源为城市的高速发展提供了巨大的"能量"和不可多得的机遇，同时日益突出的人口、资源、环境矛盾也给城市的高质量发展提出了新的"命题"，带来了前所未有的挑战。近年来北京以建设国际一流的和谐宜居之都为目标，提出了减量发展、创新发展、绿色发展的新要求，城市发展正在发生深刻转型，基础设施建设也需要紧扣经济社会发展需求，直面发展中的难题和挑战，不断提高综合承载能力和城市运行保障水平，逐步转向高质量发展新阶段。系统研究探索首都城市基础设施发展历程、特征、问题、解决对策、发展路径、实践举措和未来方向，对汲取城市基础设施过往发展经验教训，突破旧有增长方式，升级迭代基础设施发展路径模式，具有重要的镜鉴作用。

作为首都基础设施发展的亲历者、见证者、推动者和投资决策的重要支撑力量，北京市工程咨询股份有限公司发挥在基础设施领域的规划研究优势和投资咨询经验，组织专业骨干力量，在加快构建现代化城市基础设施体系的新形势背景下，编辑出版此书，借此希望对城市管理者、规划研究者、投资咨询机构、科研院所、行业协会及基础设施相关从业人员有所借鉴。

本书以北京城市基础设施高质量发展为主线，以城市基础设施发展理论为基础，以世界城市和国内先进城市为参照，从首都城市特点、发展需求和实际工作基础出发，详细介绍了首都城市基础设施建设探索和实践过程。本书突出实用性、指导性和可读性特色，结合公司主持完成的大量基础设施项目经验，精选了各领域有影响力、典型性的重大项目实践案例，很多项目在全国具有首创性、引领性和示范性。主要包括：在首都基础设施区域协同发展实践中，介绍了"一核两翼"建设—城市副中心、"一市两场"建设—大兴国际机场、轨道交通建设—市郊铁路、区域交通一体化—京雄高速、绿色空间格局构建—奥林匹克森林公园等建设案例；在首都基础设施绿色生态发展实践中，介绍了连续两轮历时10余年的首都百万亩造林计划、践行"双碳"理念的绿色低碳冬奥场馆建设等案例；在首都基础设施数字智能发展实践中，介绍了全球首个网联云控式高级别自动驾驶示范区-北京市（经开区）高级别自动驾驶示范区、超大型社区大数据治理实践探索—回天城市大脑建设等应用案例；在首都基础设施市场化改革实践中，介绍了全国首个城市轨道交通PPP项目-北京地铁4号线PPP（ABO）项目、全国首条高速公路PPP项目-兴延高速公路PPP项目、全国首批基础设施领域不动产投资信托基金（REITs）试点项目及全国首个固废处理类资产试点项目-中航首钢生物质REITs项目等案例。

本书内容设置三大部分和十四个章节。第一部分为理论篇，包括第一章城市基础设施概念与内涵、第二章城市基础设施发展相关规律、第三章基础设施发展理念；第二部分为案例篇，包括第四章国内外城市基础设施发展对比、第五章韧性城市建设案例与经验、第六章智慧城市建设案例与经验、第七章绿色城市建设案例与经验、第八章"以人为本"城市建设案例与经验、第九章区域协同发展案例与经验；第三部分实践篇，包括第十章首都基础设施发展实践综述、第十一章首都基础设施区域协同发展实践、第十二章首都基础设施绿色生态发展实践、第十三章首都基础设施数字智能发展实践、第十四章首都基础设施市场化发展实践。

本书由公司组织内部专家及业务骨干人员编写，其中第一篇第一章由高菲编写，第二章由姚慧芹编写，第三章由姚慧芹、王涛编写；第二篇第四章由李描、王涛编写，第五章由沈惠伟、李描编写，第六章由王晓伟编写，第七章由李剑华、王晓伟编写，第八章由胡百乐编写，第九章由胡百乐编写；第三篇第十章由张娜、马鑫编写，第十一章由张娜、马鑫编写，第十二章由国善博编写，第十三章由国善博编写，第十四章由马鑫编写。本书编写过程中还得到了公司各级领导和全体员工的大力支持，在此一并表示感谢。

由于编写时间仓促，书中疏漏之处在所难免，请读者不吝指正。

本书编写组

2024年10月于北京

目 录

第一篇 理论篇

第一章 城市基础设施概念与内涵 / 002
    一、城市基础设施的定义与分类 / 002
    二、城市基础设施的地位和作用 / 005
    三、城市基础设施高质量发展的内涵、意义与要求 / 008

第二章 城市基础设施发展相关规律 / 017
    一、城市基础设施相关理论基础 / 017
    二、城市基础设施特性 / 018
    三、城市基础设施发展阶段 / 021
    四、城市基础设施建设模式 / 022
    五、城市基础设施发展趋势 / 024

第三章 基础设施发展理念 / 029
    一、区域协调发展理念下城市基础设施发展 / 029
    二、绿色低碳发展理念下城市基础设施发展 / 030
    三、精细智能发展理念下城市基础设施发展 / 031
    四、韧性安全发展理念下城市基础设施发展 / 033
    五、以人为本发展理念下城市基础设施发展 / 034

第二篇 案例篇

第四章 国内外城市基础设施发展对比 / 038
一、北京与世界城市基础设施发展情况比较 / 038
二、国内外基础设施发展特点 / 047

第五章 韧性城市建设案例与经验 / 057
一、各地韧性城市建设经验案例 / 057
二、韧性城市建设的国际经验与启示 / 067

第六章 智慧城市建设案例与经验 / 070
一、智慧城市建设经验案例 / 070
二、智慧城市建设的经验与启示 / 083

第七章 绿色城市建设案例与经验 / 086
一、绿色城市建设经验案例 / 086
二、绿色城市建设的经验与启示 / 096

第八章 "以人为本"城市建设案例与经验 / 098
一、"以人为本"基础设施案例 / 098
二、"以人为本"基础设施案例启示 / 108

第九章 区域协同发展案例与经验 / 111
一、城市基础设施区域协同发展案例 / 111
二、区域协同基础设施案例启示 / 122

第三篇 实践篇

第十章 首都基础设施发展实践综述 / 126
一、首都基础设施发展历程 / 126

二、首都城市基础设施阶段特征 / 129

三、阶段性问题 / 130

第十一章　首都基础设施区域协同发展实践 / 135

一、首都基础设施支撑城市空间演变历程 / 135

二、制约因素 / 138

三、主要做法 / 141

四、实践案例 / 146

第十二章　首都基础设施绿色生态发展实践 / 161

一、发展历程 / 161

二、制约因素 / 163

三、实践经验 / 165

四、实践案例 / 170

第十三章　首都基础设施数字智能发展实践 / 178

一、发展历程 / 178

二、制约因素 / 181

三、主要做法 / 182

四、典型案例 / 187

第十四章　首都基础设施市场化发展实践 / 195

一、城市基础设施建设市场化综述 / 195

二、制约因素 / 201

三、主要做法 / 202

四、实践案例 / 208

参考文献 / 215

后　记 / 217

导 读

　　城市基础设施如同城市的血脉,贯穿并滋养着整个城市的生命活动。随着全球范围内城市化进程的加速推进,城市基础设施的重要性愈发凸显,它不仅是支撑城市运转和发展的基石,更是城市文明进步和居民生活品质提升的关键所在,因此,深入研究和理解城市基础设施理论,不仅有助于我们更好地规划和建设城市,更能为城市的可持续发展和居民福祉的增进提供坚实的理论支撑。

　　在本篇中,我们将带领读者走进城市基础设施理论的世界,探寻其背后的逻辑和规律,揭示其在城市发展中的重要作用和意义。希望通过本篇的学习,能够激发读者对城市基础设施理论的兴趣和热情,为推动城市的可持续发展和居民福祉的增进贡献自己的力量。

第一篇 理论篇

城市基础设施概念与内涵

基础设施，英文译为 Infrastructure，来源于拉丁文 Infra 和 Structura，原意为"基础"或建筑物、构筑物的底层结构、下部结构，或军事工程中的"永久性基地"等。20世纪40年代，西方经济学家将其引入社会经济结构和经济发展理论研究中；20世纪80年代，我国经济学界引入基础设施概念；1983年，首次在我国管理实践中出现。人们对基础设施概念和内涵的认识是随着经济社会的发展而不断深化和扩大的，特别是工业革命的发展，人们对基础设施概念的认识经历了一个层次和范围不断发展的过程。

一、城市基础设施的定义与分类

（一）城市基础设施概念

基础设施是指长期服务于经济和社会活动，并对其他经济和社会过程提供必要条件的设施和服务。

早在18世纪中期，西方经济学研究中已有基础设施概念的雏形，亚当·斯密（Adam Smith）在其著作《国富论》中提到了公路、桥梁、运河等基础设施的思想和概念。进入19世纪后，一些经济学家继承和发扬亚当·斯密的观点，如萨伊（Say）在其消费理论中把非生产性消费分为个人消费和政府为公共目的而作的消费，主张公共建筑费用应用于修建铁路、桥梁、运河等土木建筑工程，反对修建宫殿、"凯旋门"之类的没有效用的公共建筑。约翰·穆勒（John Stuart Mill）也将公共工程的发展作为国家的职责之一，他针对放任学派将国家职能严格圈定为保护人身和财产安全的观点，指出政府还有许多事情要做，如立法、执法等公共工程和公共事业。

20世纪40年代，西方发展经济学家将"基础设施"这一概念正式引入经济结构和社会再生产中。早期对基础设施的研究主要是围绕工业生产而发展的，主要是从基础设施与工业化的关系来定义基础设施，把基础设施的核心仅仅视作为支撑直接生产活动的"基础性"或"间接性"部门，如交通运输、通信、动力等。罗森斯坦·罗丹（Rosenstein-Rodan）在《东欧和东南欧的工业化问题》中将基础设施定义为"社会先行资本"，认为基础设施是工业部门顺利地进行生产活动的前提条件，对于发展中国家来说，要想摆脱贫困，就得通过基础设施大规模的综合建设来改善生产条件，为工业部门的生产提供必要的服务，以便推进工业化的发展。罗根纳·纳克斯（R. Nurkse）在其"贫困恶性循环理论"中扩展了上述对基础设施的界定，认为社会间接资本不仅包括公路、铁路、电信系统、电力和供水等，还包括学校和医院等，其作用在于提高私人资本的投资回报比例。美国经济学家罗斯托（Rostow）进一步强调了基础设施为生产部门提供服务的作用，他认为基础设施的完善是经济起飞的一个必要但不充分条件，在经济起飞可能出现之前，必须要有最低限度的社会基础资本建设。

随着社会经济的发展，特别是学术界对经济发展影响因素的进一步挖掘，人们对基础设施的内涵和概念的认识也在不断深化和扩大。一些能够满足人类基本需要和提高经济活动效率的重大基础设施和制度性安排也被纳入基础设施范畴，如公共卫生、环境治理和保护、法律法规、政治体制等。美国《现代经济词典》将基础设施定义为支撑一国经济的基础，既包括运输、电力、通信、学校、监狱等有形资产，也可以包括人民受教育水平、社会风尚、生产技术以及管理经验等无形资产。美国道格拉斯·格林瓦德主编的《经济百科全书》（McGraw-Hill图书公司，1982年版）将基础设施定义为"那些对产出水平或生产效率有直接或间接提高作用的经济项目，主要内容包括交通运输系统、发电设施、通信设施、教育和卫生设施，以及一个组织有序的政府和政治体制"。约瑟夫·斯蒂格利茨（Joseph Eugene Stiglitz）从基础设施的外部性特征出发，认为除了经济基础设施能够为市场经济主体的活动提供外部性之外，政治制度、经济体制和法律体系等制度性规范同样是社会存在与发展的基本条件，也提高了经济活动的运行效率。

20世纪80年代，我国经济学界引入基础设施概念。1981年，钱家骏、毛立本在《要重视国民经济基础结构的研究和改善》中提出有必要将基础结构（Infrastructure）的概念引进，"并把基础结构作为国民经济的一个重要组成部分，放到社会经济计划中进行统筹安排，以保证国民经济各部门按比例地协调发展，以推动现代化建设的顺利进行"。1983年"基础设施"一词首次在我国政府文件中出现，中共中央、国务院发布的关于《北京城市建设总体规划方案的批复》中五次提到"基础设施"，提出要"大力加强城市基础设施的建设"。1985年7月，城乡建设环境保护部在北京召开的城市基础设施讨论会上，对"城市基础设施"进行了定义："城市基础设施是既为物质生产，又为人民生活提供一般条件的公共设施，是城市赖以生存和发展的重要基础条件。"建设部1998年颁布的《城市规划基本术语标准》GB/T 50280—1998，将城市基础设施定义为"城市生存和发展所必须具备的工程性基础设施和社会性基础设施的总称"。

综上所述，基础设施是为社会生产和居民生活提供公共服务的物质工程设施和保障一个国家和地区正常经济活动的公共服务体系的总和，是社会生存和发展的一般物质条件。

(二) 城市基础设施的范畴和分类

目前，国内外对城市基础设施的范围及分类尚未形成统一的认识，主要根据对基础设施的理解和论述的需要自行确定。

按照服务性质划分，城市基础设施可分为广义的城市基础设施和狭义的城市基础设施。广义的城市基础设施是指既为物质生产又为人民生活提供一般条件的公共设施，又分为工程性基础设施和社会性基础设施两大类。工程性基础设施一般指交通运输、给水排水、环境保护、能源供应、邮电通信、防灾安全等工程设施；社会性基础设施主要包括行政管理、金融保险、商业服务、文化娱乐、体育运动、医疗卫生、教育、科研、宗教、社会福利、大众住房等。狭义的城市基础设施主要是指我国城市建设中提及的城市基础设施，即为城市人民提供生产和生活所必需的最基本的基础设施，主要包括城市道路交通系统、城市水资源和供排水系统、城市能源动力系统、城市邮电通信系统、城市生态环境系统以及城市防灾系统六大系统。

按市场结构划分，城市基础设施可分为垄断性和非垄断性城市基础设施。垄断性城市基础设施是指对居民生活影响重大、不可替代的城市基础设施，这类城市基础设施所有权一般由政府掌控，即便随着改革开放，经营权逐步按照市场规律开放，但是政府还需对此类产品和服务的价格进行必要的干预和调控。典型的产品包括城市供水、供电、有线通信、防灾设施等。非垄断性城市基础设施是指可以通过市场化竞争、多元化经营来降低成本，实现资源的有效配置，如供热、园林、绿化、环卫等。

按可市场化的程度，城市基础设施可分为经营性、非经营性和准经营性城市基础设施。经营性城市基础设施通常具有私人物品属性，可以通过吸引社会中有资金、有能力的投资者进行投资，并且有市场提供其运行，如收费桥梁、收费高速公路等。非经营性城市基础设施是指那些公益性强、外部效应大的纯公共物品，没有竞争性和排他性，必须由政府投入财政资金来建设及维持经营才能发展，如城市道路、公共绿地、防震防灾设施等。准经营性城市基础设施是指介于上述两种类型之间的城市基础设施，通常具有准公共物品的特征，需要政府和社会资本共同提供以满足大众需求。为吸引社会投资，一般政府会提供财政补贴或者政策优惠，如地铁、轻轨、自来水厂等。

二、城市基础设施的地位和作用

城市基础设施是城市赖以生存和发展的基础，对完善城市功能布局、拓展城市发展空间、调节城市社会经济起到重要的引导作用。城市基础设施与城市发展、城市生活品质和经济发展等方面的关系主要表现如下。

（一）城市基础设施是城市存在和发展的必要条件

城市基础设施是城市生存和发展的重要物质载体，是社会生产和再生产的必要条件。

城市基础设施涉及城市生产生活必需的供水、排水、道路、交通、供热、供气、园林、绿化、环卫、防洪等方面，是城市运行的决定性因素，也是城市各项经济文化活动所产生的人流、物流、交通流、信息流的庞大载体。城市基础设施各系统纵向延伸、横向拓展，与城市经济社会各方面相互联结，为城市中的政府机构、企事业单位和个人提供赖以生存和各类社会活动所需的产品和服务。离开了城市基础设施，城市中的一切活动都将无法顺利进行。

基础设施的建设可以促进城市的发展完善，良好的城市基础设施可以使城市各社会经济单位更好地分工与协作，加强彼此间的联系，进而显著提高城市经济效益、社会效益和生态效益，以及城市的整体运行效率，可以说，城市基础设施是发挥城市整体功能的核心。

城市基础设施建设与城市发展的均衡协调是保证城市科学发展、可持续发展的前提。这种均衡协调包括基础设施与城市规模、功能和空间的均衡，与城市发展阶段和城市外部环境的均衡,城市基础设施系统本身以及各个子系统的完整性和有效性,各子系统之间的均衡和协调等。在强调均衡的基础上,城市基础设施的投资建设必须适度超前,避免建设滞后性和盲目性。

(二)城市基础设施是经济发展的重要推动力

城市基础设施对直接提振经济发展水平和提升经济效率具有重要作用。

根据经典凯恩斯主义的相关理论,"投资"是提振地区经济的"三驾马车"之一,政府通常也倾向于通过投资来刺激地区经济,进而促进地区的经济发展。其中,城市基础设施投资规模大、建设周期长,具有固定资产投资典型的特点,是最主要的投资方式。城市基础设施的投资建设能够直接带动资本市场的需求和活跃,还能刺激材料和设备等相关行业的市场需求,带动相关行业的发展;此外,基础设施建设也需要大量的劳动力,这将创造就业机会,提高就业率,因此,城市基础设施的投资建设对拉动国民经济增长起着至关重要的作用。基础设施投资建设已经被全球多个国家或地区的政府作为刺激经济、拉动内需、创造就业的重要方式,也是新常态下中国经济增长的主要驱动力。世界银行研究报告显示,基础设施规模每增加1%,经济总产出将增加1%。

基础设施的投资建设还可以通过改善投资环境、改善生活条件、改善商业环境来提升全要素生产率,从而有效提高地区经济效率,对城市经济发展起到间接刺激的作用。良好的基础设施能够为城市提供更好的生产生活条件和投资环境,不仅可以吸引和刺激各方投资的增加,还会间接地促进城市多方面消费的增长,从而能够促进许多行业的发展。若城市基础设施供给不足,城市经济运转效率和效益将出现显著的下降。因此,城市基础设施必须在数量、质量和结构上与城市的发展保持一致或超前发展。

(三)城市基础设施是城市生活品质提升的重要保证

基础设施的增长不仅是城市容量的基础,更是城市生活品质提高和城市文明的保证。

基础设施建设的完备与否与居民生活水平的高低有着密切的联系,良好的城市基础设施建设与运营不仅可以促进城市社会经济发展,也可以提升城市生活的便利性、改善城市居民的健康福祉。城市基础设施主要是通过公共服务的质量来影响城市居民的福利水平。充足的能源供应、清洁的自来水系统、有效的城市排污系统、便利的城市内外部交通以及城市绿化等都是居民生活所不可缺少的组成部分。提高供水设施的饮用水质量可以有效降低城市居民的疾病发病率；城市排洪设施能够有效抵御城市洪涝灾害，从而保护居民生命财产安全；城市环卫设施可以有效减少城市污染，进而提升城市居民的健康水平；改善交通基础设施运营水平能显著降低交通事故的发生概率等。

基础设施还在促进公平、消除贫困等方面发挥重要作用。城市基础设施的不公平问题主要体现在空间的不公平，而空间的不公平则会影响社会服务福利水平，特别是对贫困居民和弱势居民未来发展造成影响。比如交通基础设施"可达性"提升可以有效缩小教育的不公平，进而显著提升非核心区域学生的教育水平；供水基础设施的普及，将有助于降低因水质低劣导致的疾病风险，从而促进居民健康的公平性。城市基础设施是城市社会经济发展的先行基础条件，其建设运营水平决定了城市发展的上限；同时，城市社会经济发展的成果又会反过来影响城市基础设施的投资、建设和运营。对于城市的贫困区而言，其基础设施的建设和运营水平往往很低下，这会严重制约城市的社会经济发展；而薄弱的城市社会经济又会阻碍城市基础设施的发展，这会使城市掉入"贫困恶性循环"陷阱，而基础设施的投资建设有助于打破地区的"贫困陷阱"，实现贫困地区的跨越式发展。在我国，基础设施的建设运营在精准脱贫工程中也发挥了非常重要的作用。从理论角度讲，短期来看，基础设施投资、建设和运营能在短时间内为贫困地区创造就业岗位，进而增加贫困居民的收入；从长远来看，贫困地区的投资环境也会得到显著改善，带来社会经济的可持续发展。

（四）城市基础设施是城市形象和投资环境的重要构成

城市基础设施建设的状况直接体现一个城市、一个地区乃至一个国家的经济、文化发展水平，直接代表一个城市的形象，也直接反映一个城市的兴衰，记录一个城市的发展历史。同时，完善健全的城市基础设施是一个城市经济发展的重要物质基础保障和前提条件，直接构成城市投资环境，成为投资者进行投资决策的重要参考。完善的城市基础设施能够为该地区带来良好的声誉和形象，形成良好的投资环境，为城市社会经济的发展吸引需要的资金和人才。

（五）城市基础设施发展水平直接影响城市综合竞争力

一方面，城市基础设施产业的竞争力是城市总体产业竞争力的重要组成部分，城市基础设施产业竞争力的强弱直接影响一个城市总体产业竞争力的存在基础；另一方面，在提高城市竞争力的过程中，城市基础设施的技术能力也对城市总体产业的技术发展起着越来越重要的作用。城市的产业技术水平也受到基础设施技术状况的影响，拥有发达的高技术的基础设施，可以吸引和培育高技术、高附加值的产业，创造和持续创造更多的价值，提高城市竞争力。

（六）城市基础设施是实现城市集聚效应的强有力保证

在城市不断发展的过程中，城市各部门、各行业实现了高度专业化，高度的分工必须以紧密的协作为前提。城市基础设施的存在和发展，一方面促进了这种社会分工的高度发展，另一方面又把高度专业化分工后的各种生产、生活紧密地联系起来。它在各生产单位和生活单位之间，迅速而及时地传送人流、物流和信息流，以道路和各类地上、地下管线为纽带，把城市地域空间内的各要素连接成为一个按着一定规律高速运转的有机整体，从而使城市能够产生集聚的整体效益。

三、城市基础设施高质量发展的内涵、意义与要求

基础设施是经济社会发展的重要支撑。近年来，我国基础设施对经济增长的促进作用日益明显，在建立双循环、高质量发展格局的新要求下，推进城市基础设施高质量发展成为稳增长、提效率的必由之路。

（一）高质量发展概念与内涵

1. 高质量发展概念的提出

2017年，中国共产党第十九次全国代表大会首次提出"高质量发展"概念，指出我国经济已由高速增长阶段转向高质量发展阶段，正处在转变发展方式、优化经济结构、转换增长动力的关键时期。2018年政府工作报告中指出，"按照高质量发展的要求，统筹推进'五位一体'总体布局和协调推进'四个全面'战略布局，坚持以供给侧结构性改革为主线，统筹推进稳增长、促改革、调结构、惠民生、防风险各项工作"。2020年，党的十九届五中全会提出，"十四五"时期中国经济社会发展以推动高质量发展为主题，这是根据我国发展阶段、发展环境、发展条件作出的科学判断。可以看到，在新的伟大征程中，高质量发展将是我国未来经济社会发展的主旋律。

2.高质量发展的内涵

高质量发展,就其本质和内涵而言,是一种新的发展理念。2017年12月28日,习近平总书记在中央经济工作会议上阐述了高质量发展的出发点、动力、内生特点、普遍形态、必由之路和根本目的,说明了高质量发展的核心要义,即"高质量发展,就是能够很好满足人民日益增长的美好生活需要的发展,是体现新发展理念的发展,是创新成为第一动力、协调成为内生特点、绿色成为普遍形态、开放成为必由之路、共享成为根本目的的发展。概括讲,高质量发展,就是从'有没有'转向'好不好'"。

高质量发展的出发点。改革开放初期,我国经济发展很落后,人民生活水平很低,很多人口处于绝对贫困状态,供给短缺是突出问题,迫切需要快速发展。因此,发展是硬道理更多表现在速度上,规模和速度比质量和效益更重要。而在新时期,情况已经发生很大变化,虽然发展依然是解决一切问题的根本手段,但人民对发展的要求已不再是满足基本的生存或温饱需要,而是对美好生活的更高需求,仅有规模和速度不再能够满足这种需求。发展是硬道理的内涵不再是规模和速度,而是质量和效益。只有高质量发展,才能满足人们日益增长的美好生活需要,才是解决一系列社会矛盾和问题的钥匙。

高质量发展的动力。我国仍然是世界上最大的发展中国家,目前正处在转变发展方式、优化经济结构、转换增长动力的攻关期,经济下行压力加大。同时,当前世界经济增长持续放缓,世界大变局加速演变的特征更趋明显,全球动荡源和风险点显著增多。在国内、国际复杂的经济形势下,推动高质量发展,就必须把创新摆在国家发展全局的核心位置,深入实施创新驱动发展战略,推动理论创新、体制创新、制度创新、科技创新、产业创新、企业创新、市场创新、文化创新等,加快形成以创新为主要引领和支撑的经济体系和发展模式,实现发展动能的根本切换,推动经济发展质量变革、效率变革、动力变革。

高质量发展的内生特点。协调发展体现的是发展的规律性,事物发展的基本规律是由平衡到不平衡再到新的平衡,协调是发展平衡和不平衡的统一。习近平总书记指出,"协调发展,就要找出短板,在补齐短板上多用力,通过补齐短板挖掘发展潜力、增强发展后劲"。坚持协调发展、统筹兼顾、协调各方,才能实现生产和需要之间的动态平衡,提升经济运行整体效率,增强发展的协调性。

高质量发展的普遍形态。经济社会系统与自然生态系统相互作用、相互影响,生态环境安全是国家安全的重要组成部分,是经济社会持续健康发展的重要保障。

加快推进生态文明建设是推动高质量发展的重要工作，绿色发展、良好生态是高质量发展的必然要求和重要标志。进入高质量发展阶段，解放和发展社会生产力，要求在建设现代化经济体系过程中，更加注重构建绿色生态体系。坚持绿水青山就是金山银山，才能实现人与自然和谐共生，实现经济社会发展和生态环境保护协调统一，更好满足人民日益增长的优美生态环境需要，增强发展的可持续性。

高质量发展的必由之路。历史充分证明，以开放促改革、促发展，是我国现代化建设不断取得新成就的重要法宝，未来中国实现高质量发展也必须在更加开放的条件下进行。开放发展的核心是解决内外联动的问题，即协调国内市场与国际市场、国内循环与国际循环的关系，充分利用两个市场、两种资源来实现高质量发展。坚持开放发展，主动顺应经济全球化的历史潮流，才能提高内外发展的联动性，更好利用两个市场、两种资源，在更好满足人民日益增长的美好生活需要的同时，发展中国，造福世界，增强发展的包容性。

高质量发展的根本目的。共享是中国特色社会主义的本质要求，是坚持以人民为中心的发展思想的重要体现，也是逐步实现共同富裕的必然要求。改革开放以来，我国已经走在共享发展成果和实现共同富裕的正确道路上，先后使7亿人摆脱贫困，人民生活实现总体小康，正在向更高水平的全面小康迈进。坚持共享发展，才能充分调动绝大多数人的积极性、主动性、创造性，使改革发展成果更多、更公平惠及全体人民，朝着实现全体人民共同富裕不断迈进，增强发展的公平性，也为未来经济发展提供更加充沛的动力。

（二）城市基础设施高质量发展的概念与内涵

1.城市基础设施质量的定义

城市基础设施质量反映了一个城市的政治、经济发展水平，城市功能的完善程度以及市民的生活和居住质量。"质""量"涵盖内容各有侧重。

城市基础设施的"量"反映的是城市基础设施的规模、能力、大小，不仅体现了城市基础设施对人类社会的服务能力，还体现在对自然生态、对灾变承受的能力。城市基础设施的"量"能否满足城市发展需求与城市发展阶段息息相关，也与城市基础设施规划设计水平、对未来的预判水平密切相关。

城市基础设施的"质"集中体现在运营阶段、城市基础设施运行的可靠程度和效率上，反映为城市基础设施提供服务的安全性、便捷性和舒适性等特征，最终表现为用户的满意程度。城市基础设施的"质"能否满足用户需求，不仅与设施本身承载能力有关,也与运营者的管理水平密切相关。

2. 城市基础设施高质量发展的内涵

目前,我国官方和学术界对于城市基础设施高质量发展的内涵并没有统一的界定。

习近平主席在2019年"一带一路"国际合作高峰论坛开幕式上指出,"建设高质量、可持续、抗风险、价格合理、包容可及的基础设施"。2020年2月14日,中央全面深化改革委员会第十二次会议审议通过《关于推动基础设施高质量发展的意见》,提出基础设施是经济社会发展的重要支撑,要以整体优化、协同融合为导向,统筹存量和增量、传统和新型基础设施发展,打造集约高效、经济适用、智能绿色、安全可靠的现代化基础设施体系。《中华人民共和国国民经济和社会发展第十四个五年规划和2035年远景目标纲要》提出,统筹推进传统基础设施和新型基础设施建设,打造系统完备、高效实用、智能绿色、安全可靠的现代化基础设施体系。根据国家发展和改革委员会对"十四五"规划纲要的解读,认为目前我国的基础设施对标高质量发展要求,基础设施体系仍不完善,协调性、系统性和整体性发展水平不高,服务能力、运行效率、服务品质短板还比较明显。

学术界关于基础设施高质量内涵也有一些讨论。罗萍将城市基础设施高质量概括为过程高质量、产品高质量、服务高质量三个方面。其中,过程高质量是指基础设施项目投资规划高质量、设计施工高质量;产品高质量是指基础设施工程实体本身的高质量,基础设施应够满足不同群体的使用需求,同时要注重低耗、高效、经济、环保、智能等发展要求;服务高质量是指产品服务应更好满足人民群众对美好生活的需要。王秀云、王力等人将高质量基础设施概括为,以人民满意为宗旨,以提质增效、绿色安全、改革创新为着力点,在兼顾存量和增量、统筹传统和新型基础设施的基础上,建设高质量、可持续、包容性和抗风险能力的现代化基础设施体系。刘洪宇、高文胜在研究日本对中亚国家的"高质量基础设施"援助时,提到日本官方对"高质量基础设施"解释主要包括注重经济性(低成本和长寿命周期)、安全性、抗击自然灾害的强韧性、考虑对环境和社会的影响力以及对当地社会和经济的贡献(技术转移和人才培养)等五个方面。

由此可见,城市基础设施质量的内涵极其丰富,涵盖范围广泛。城市基础设施质量的内涵是对设施规划水平、建设水平、管理水平以及承载能力、服务水平等综合水平的高度概括,最终体现为基础设施所提供的服务质量。高质量的服务应具备运行的协调性、安全性、便捷性以及用户体验的舒适性等基本特征。

(1) 全生命周期视角

从基础设施全生命周期的角度，城市基础设施高质量发展包括规划设计、投资建设、运营管理的高质量。

基础设施规划设计质量是指根据城市发展的需要，对基础设施综合发展趋势和需求的精准审视能力，能够在一定时期内制定并实施具有前瞻性的规划，防止规划的短期性、反复性。它反映了对基础设施总体承载能力判断与决策的科学程度，表现为规划理念、预测方法、规划设计标准以及规划实施的制度框架安排的先进性、经济性、系统性、协调性。

基础设施建设质量主要指基础设施工程质量，包括安全性、耐久性和与城市功能的融合性。它反映了基础设施服务城市发展的一般使用寿命，以及城市在自然灾害等危机环境下基础设施硬件正常工作并支撑城市生命线的能力。同时建设质量的提升需要先进技术及标准、先进材料、先进方法等方面的综合应用。

基础设施服务质量是指基础设施在运行阶段为城市发展和居民生活提供服务的水平，主要体现在需求的满足程度、服务满意程度以及服务安全性等方面。它反映了精细化管理的水平，表现为基础设施管理者对基本底数的掌控程度，对设施运行的实时监控能力，对特别情况的预警能力及处置能力等。

(2) 系统论视角

基础设施的系统特征包括承载能力、运行效率、安全保障和用户体验4个方面。各项特征对基础设施表现出不同质量要求。按此角度理解，基础设施质量又表现为承载能力水平、运行效率水平、安全保障水平和用户满意程度。

承载能力水平是指基础设施的供给能力，是基础设施规划建设的规模、数量水平，主要体现在对需求的满足程度、匹配程度。它反映了基础设施规划建设过程中对城市发展、经济增长、人民生活水平提升等需求判断的精准水平，表现为基础设施单元或系统、微观及宏观的各种能力上限，涵盖交换能力、吞吐能力、处理能力、对破坏的防护能力等。

运行效率水平是指对基础设施运行过程中对其提供最大能力的利用水平，取决于基础设施承载能力的大小和运营管理水平的高低。它反映了基础设施管理者对设施能力和运行规律的掌握程度，以及对基础设施功能的合理、有效使用水平，直接体现运营者对设施的管理水平，表现为基础设施的运营模式、管理体制等。

安全保障水平是指基础设施与生产者、运营者和使用者之间的和谐相处，最大限度降低危险隐患的水平，表现为基础设施建设、运营等环节中的人、物、系统、制度等诸要素的安全可靠、和谐统一。它反映了基础设施建设者和运营者对各种危害因素的掌控能力，以及所提供的产品、服务的安全性，表现为对不安全因素的预判能力、建设运营过程监管能力和应急情况的处置能力等。

用户满意程度是指基础设施使用者对基础设施提供服务的满意程度，是用户的主观直接感受，表现为用户对基础设施服务质量的认可度。它反映了一定规模和运行效率下，基础设施所提供的服务和不同用户需求之间的契合程度，是基础设施质量高低的最终表现形式。如果说承载能力水平、运行效率水平和安全保障水平是从系统的角度对基础设施质量的评价的话，用户满意程度则是从用户的角度对基础设施系统质量的评价。

3.城市基础设施高质量发展的外延

由于基础设施具有广泛的外部性，因此，对其高质量发展的解读也会根据城市功能特点和个性需求，有一定的外延。

北京既是首都城市，又是国际特大型城市的代表，被赋予了特殊历史使命和城市功能定位。北京市第十三次党代会报告指出，新时代首都发展，根本要求是高质量发展。北京的城市基础设施质量，必然要结合当前城市发展形势和需求，在内涵理解的基础上有新的解释。

北京城市基础设施质量的外延，是指在推动区域协同发展、引领科技创新驱动、提升市场化水平和发挥产业带动的外部效益。充分发挥基础设施特别是交通基础设施在区域发展中的骨骼框架作用；提升基础设施对科技创新的促进作用；完善基础设施产业链，带动经济的发展；通过制度创新，实现基础设施建设的良性循环和滚动发展。

（三）城市基础设施高质量发展的意义

城市发展质量是城市在发展过程中，各种功能的发展水平及其满足公众当前与未来需求的程度，重视城市发展质量是在城市化过程中落实科学发展观的重要举措，也是面对日益严峻的城市质量现实所不容回避的问题。面对城市交通拥堵、雾霾天气、水资源短缺等状况，迫切需要树立完整的城市质量意识，以更为全面、系统的观点看待城市的发展，降低因城市质量低劣造成的大量纠偏成本，提升城市的经济效益，使城市成为更加宜居的理想之所。

城市发展质量包括产业发展质量、企业发展质量、生态环境质量、基础设施质量、人的质量等。基础设施质量是城市发展质量的重要组成部分。基础设施是完善城市功能的重要支撑，是城市安全高效运行的基本保障，是服务市民生活、支撑经济发展、彰显城市魅力的重要载体，对优化城市空间布局、引导产业布局和人口要素合理分布具有重要作用，在城市发展中处于重要的先导地位。简而言之，基础设施对于城市发展发挥着不可替代的基础性作用，基础设施的质量与城市发展的质量息息相关。

（四）城市基础设施高质量发展的要求

1. 强调规划引领

规划科学是最大的效益，规划失误是最大的浪费。在城市基础设施系统建设中，由于规划不足、条块分割等原因，带来城市基础设施建设与城市经济社会发展要求不适应等问题，各领域基础设施难以实现城市内部协调布局和区域间有效衔接，一定程度上导致发展失衡，综合效益无法得到充分发挥。

推动城市基础设施高质量发展要进一步强化规划引领作用，建立健全推动城市基础设施高质量发展的规划体系。要按照适度超前的原则，统筹增量和存量、传统和新型基础设施发展，系统优化基础设施空间布局、功能配置、规模结构，创新完善覆盖规划、设计、建设、运营、维护、更新等各环节的全生命周期发展模式，增强基础设施服务国家重大战略实施、满足人民日益增长的美好生活需要的支撑保障能力。

2. 强调补齐短板

尽管我国城市基础设施建设已经取得长足进步，对国民经济和社会发展起到了重要支撑作用。但在政策体系、管理机制、建设布局、收益平衡、创新引领和协调发展等方面还存在不少问题和挑战，部分地区城市基础设施建设仍然相对不足，各领域仍存在不少短板。特别是西部和东北地区城市基础设施短板较为明显，城市基础设施建设速度慢于东部地区，对区域经济的带动和保障能力有待提升。

城市基础设施高发展应加快补齐短板，要紧盯不同区域、不同领域、不同方式间存在的突出矛盾，坚持问题导向和目标导向相结合，在有效防范化解各类风险的前提下，聚焦发力、分类施策，加快推动一批重点通道连通工程和延伸工程、关键枢纽、清洁能源、重大水利、新一代信息通信和智能化设施以及民生领域重要设施建设，提升基础设施发展体系的质量效益。

3. 强调协同融合

促进协同融合发展，是转变基础设施发展路径的关键。当前，各领域基础设施仍停留在围绕自身拓展建设空间的初级阶段，面临投资效率下降、盈利困难等问题，若仅立足各领域基础设施自身、延续放大冗余保安全的惯性发展模式，必将导致高投资、低效益，与高质量发展要求背道而驰，更将对中长期转型带来新风险。

推动基础设施高质量发展要树立系统性、全局性、长远性思维，正确处理基础设施间替代、互补、协调、制约关系，强化资源共享、空间共用。要充分发挥新一代信息技术的牵引作用，以交通、电力、通信网络等为载体，推动新型基础设施与传统基础设施跨界融合发展。要加强面向服务对象的需求分析，以方便适用为导向，推进精细化管理，丰富优质服务供给，提升人性化服务水平。

4. 强调绿色发展

大规模城市基础设施建设运营不可避免地会产生资源消耗、环境污染、空域和地下空间占用等问题。城市基础设施建设与资源环境刚性约束的矛盾将进一步凸显，土地等资源限制和生态环境容量限制将对城市基础设施建设规模、空间布局、技术标准等提出越来越严格的要求，客观上要求城市基础设施向资源集约节约利用、环境绿色友好方向发展。

推动城市基础设施高质量发展应统筹协调好城市基础设施建设与资源环境保护的关系，用全成本、全链条视角审视基础设施全生命周期的资源环境投入与经济社会效益产出，统筹资源开发与生态保护，将生态环境保护作为城市基础设施发展的前提条件，集约节约利用土地、廊道、岸线、地下空间等资源，加强生态环保技术应用，彻底转变传统粗放的发展模式。

5. 强调智能发展

以互联网、物联网、大数据、云计算、人工智能等为引领的新一代科技革命和产业革命正在蓬勃发展，并与城市基础设施相融合，形成了多种多样的新业态，信息产业呈深度融合发展趋势，这对城市基础设施建设也提出了新的要求。

推动城市基础设施高质量发展必须把握好科技革命作用于城市基础设施演化的客观规律，瞄准世界科技前沿，要紧紧把握新一轮科技和产业革命大势，聚焦可能引发基础设施变革的引领性技术和颠覆性技术，提早谋划具有全球竞争力的新一代城市基础设施，加强人工智能技术在基础设施领域的应用，加快形成适应智能经济和智能社会需要的基础设施体系。

6. 强调安全韧性

城市基础设施是城市生命线系统、交通动脉系统、防灾减灾系统的重要物理承载体，是城市安全和发展的物质保障。城市基础设施安全关乎经济安全、社会安全、生态安全,是国家安全的重要组成部分。

推动城市基础设施高质量发展必须坚持底线思维,遵循系统思维和方法,落实"大安全"理念,以总体国家安全观为统领,统筹城市基础设施规划设计、空间布局和工程韧性,推进灾害防御工程建设,全面提升城市基础设施安全保障和应急防御能力。加强基础设施风险管控、安全评估和安全设施设备配套,提升基础设施保障国家战略安全、人民群众生命财产安全以及应对自然灾害等的能力。

7. 强调改革创新

城市基础设施发展既需要强大的内生动力,也离不开良好的发展环境。随着我国经济由高速增长向高质量发展转变,对城市基础设施投资建设也提出了更高的要求。传统城市基础设施建设存在短板,旧有的投融资模式、体制机制与新时代背景下人民对美好生活向往的需要不相适应,甚至会制约城市基础设施的高质量发展。

推动基础设施高质量发展要始终把科技创新作为第一动力,强化前瞻性、引领性技术研发与创新,发挥我国巨大市场应用规模优势,推动相关领域技术装备产业化发展,形成构建现代化经济体系的新动能。推动城市基础设施高质量发展要深化重点领域和关键环节改革,逐步打破行业和区域壁垒,创新完善投融资机制,推动竞争性业务向各类市场主体公平开放,加快形成政府调控和监管有力、管理服务水平高效、各类市场主体充分发挥作用的良好局面。

城市基础设施发展相关规律

城市基础设施作为城市发展的骨架和支撑,其重要性不言而喻。随着城市化进程的加速和科技的不断进步,城市基础设施发展已经从单一投资建设向着更加综合、系统的方向发展。特别是,为适应数字经济、共享经济等新兴产业发展要求,城市基础设施也需要不断创新和升级,本章将对城市基础发展的理论基础、特征、模式和发展趋势进行总结和描述,以期推动城市基础设施的可持续发展,并为城市发展的实践探索做出有益尝试。

一、城市基础设施相关理论基础

从理论基础角度看,城市基础设施的建设和发展涉及公共经济学、产业经济学、区域经济学等多个领域。相关代表性理论有公共产品理论、经济增长理论、城市经济学理论等,这些理论主要探讨公共产品属性,以及部分公共产品属性的基础设施对城市发展之间的关系。实际中,一般通过研究基础设施的投资、建设、运营和管理过程中的问题,为政府和企业提供科学决策支持和理论指导。

(一)公共产品理论

公共产品理论是经济学概念,主要研究公共产品在市场中的供应、需求和效率问题。公共产品具有非排他性和非竞争性两个主要特点,即任何人对公共产品的使用不会影响其他人对该产品的使用,且公共产品的供应成本不会因为使用者的增加而增加。城市基础设施被视为一种公共品或准公共品,其建设和运营往往会产生外部性效应。外部性是指一个经济主体的行为对其他经济主体产生的影响,而这种影响并没有通过市场价格机制得到反映。公共产品理论强调了政府在基础设施提供中的角色,认为政府应当承担起提供基础设施的责任,以确保基础设施的公平性和普遍可及性。例如，政府可以通过投资建设和维护公路、桥梁、水利等设施，进一步改善交通条件，提高地区通达性，降低物流成本，促进产业发展；改善水利设施，提高农业生产效率，保障人民生活用水等。与此同时，公共产品理论也倡导通过市场机制来优化基础设施的配置和运营，提高基础设施的使用效率和效益。可以认为，其核心是确保公共产品的有效供应和最优配置，这一理论提供了研究和解决城市基础设施等公共产品供应问题的理论框架和指导原则。

（二）经济增长理论

基础设施投资是经济增长的重要推动力之一。基础设施作为经济增长的物质基础，其作用表现在多个层面。首先，完善的基础设施可以降低企业的运输和物流成本，提高生产效率，进而促进产业发展和经济增长。其次，基础设施的建设往往能带来大量的就业机会，增加劳动力市场的活跃度，刺激消费需求，为经济增长注入活力。通过加强基础设施投资和建设，可以提高生产要素的流动效率，促进产业聚集和区域经济发展。同时，基础设施的完善也会吸引更多的投资和人才，推动地区经济的持续增长。

新古典增长理论和内生增长理论对投资与增长的关系都进行了描述，新古典增长理论将基础设施视为一种公共资本，通过构建包含基础设施资本的总量生产函数，分析基础设施对经济增长的促进作用；内生增长理论则将基础设施纳入生产函数研究框架，探讨基础设施投资对经济增长的长期影响。相关的实证研究也表明，对于发展中国家而言，基础设施投资可以显著提高城市经济增长率；基础设施投资不仅可以直接促进城市的经济增长，还可以通过改善市场环境、提高资源配置效率等途径，间接推动城市经济增长。当然在实践中，基础设施投资和增长关系受到政策环境、经济发展水平、技术进步等多种因素的影响。通过加大基础设施投资力度，优化投资结构，提高投资效益，可以为经济增长注入新的动力，这已经形成共识。

二、城市基础设施特性

城市基础设施和任何事物一样，都有其自身的运行规律，这种规律反映出城市基础设施自身所具有的特点。只有充分认识了城市基础设施的特点，掌握了它的运行规律，才有可能对它进行科学的规划、建设和管理，从而保证它的健康发展。城市基础设施的主要有以下特征。

(一)设施的基础性和连续性

城市基础设施是城市赖以生存和发展的基本条件,是社会物质生产以及其他各项社会活动的基础兼有为生产和生活服务的职能。基础设施所提供的公共服务是城市各行各业生产及居民生活所不可缺少的,若缺少这些公共服务,其他商品与服务便难以生产或提供。若把国民经济视作人体看待,基础设施就犹如人体的生理系统,交通则是人体的脉络系统,邮电是人的神经系统,给水排水是消化和泌尿系统,电力是血液循环系统,要维持人体的正常运转,这些系统缺一不可,任何一方面失灵,都将导致人体失衡。同时,为保证城市的正常运转,城市基础设施提供的产品与服务必须是连续性的,一旦因自然或人为等因素造成基础设施服务的中断,将会给城市正常运行带来严重影响。如1995年1月17日,日本阪神地震,导致天然气管道破裂,并毁坏了城市供水网,地震后公路、铁路、电话中断,导致城市生命线系统处处受阻,全线处于"停止"状态。

(二)服务的公共性和公益性

城市基础设施是为社会生产和再生产提供一般条件和服务的部门与行业,是城市未来生存的基础条件。城市基础设施建设属于政府公共产品,不以营利为目的,具有"公共性"的实质。城市基础设施一般不是为某个人、某个家庭、某个单位所专用的,所有在其使用范围内的城市居民和从事生产、运营及其他活动的单位都可使用,面向整个城市提供产品和服务,是作为社会共有的一般条件出现的,既不允许被少数使用单位控制和独占,也不允许对不同用户加以排斥和歧视。城市基础设施的公共性又决定其公益性,世界上绝大多数政府承担着城市基础设施建设的供给责任,并以公有制的形式实现城市基础设施所负担的社会目标。具有这种特征的基础设施主要包括城市道路、公园、公共绿地等,这类设施一般由政府直接投资,任何人、任何单位不论贡献大小,只要是有法律自由的人或自由的法人团体或单位,就有权利和机会享受这种公共服务,无偿消费这种社会公共产品。

(三)运转的系统性和协调性

城市基础设施是一个有机的综合系统,该系统内部以及同外界环境之间均需系统协调,才能正常地良好运转,满足城市整体运行的要求。城市基础设施由众多独立的各分类基础设施构成，但它们不是彼此孤立的，不是简单相加的组合，各分类基础设施系统之间联系非常紧密。如城市道路建设中，往往涉及电力、通信、给水、排水、燃气、园林、环卫、消防等部门，城市的给水、排水、燃气、通信等管线往往预埋在城市道路下面，城市道路的开挖所影响的不仅是城市交通，而且会影响到其他城市基础设施效率的发挥。各分类基础设施内部也都自成系统，互相协调，不能割裂，如城市道路、公路、地铁、铁路、民航、公共客运交通、货运、交通管理等组成一个有机整体构成城市交通系统；水资源开发、水资源保护、防洪、给水、排水、污水处理与利用等构成水资源和给水排水系统。同时，城市基础设施还与城市经济社会发展、城市规划建设等保持协调发展关系。

（四）建设的超前性和同步性

从城市发展的要求来看，作为城市发展和存在的基础，城市基础设施建设必须适度超前于城市的发展，主要表现在建设时间的超前性和容量上的适度超前性。前者是指城市基础设施项目建设要比城市其他设施的建设在建设时序上要适度超前；后者是指基础设施项目投资大、使用周期长，不便于随时扩建，一旦建成使用，服务能力在相当长一段时间内保持不变，所以在规划基础设施项目时，必须考虑其服务容量在未来增长的需求，以满足未来城市经济社会的发展和人民生活的需要。同时，城市基础设施的建设也不能是随意的，其发展要与城市的发展相适应，城市基础设施应与需要基础设施服务的其他城市设施同步形成服务整个社会的能力，能力过于超前会造成资源的浪费，而滞后则会影响其他城市设施的使用效率。因此，城市基础设施必须根据城市制定的统一发展规划去建设。

（五）效益的间接性和长期性

城市基础设施的效益不仅局限于经济效益，更多要通过社会效益、环境效益等来反映。城市基础设施的建设和管理目的，更多着眼于提高城市运行效率，为人民生活和社会生产提供好的环境和条件，促进经济发展和其他各项城市事业发展。如交通基础设施能够提高运输效率，降低运输成本，加速要素在区域间的流动性，提高要素生产效率，从而促进经济发展；城市园林工程的综合效益则主要体现为其产生的绿化效益和社会效益，绿化效益即园林工程使得城市生态环境日益优化，并进而带来居民生活质量提高；社会效益则体现在由绿化建设带动起来的房地产产业、旅游业发展，以及对国内外企业投资的吸引等方面；城市防灾设施的健全，可使城市能稳定安全地运转，这些效益是深远和长期的。而且，城市基础设施投资大、使用期长，投资效益很难在短期内反映，需要通过一段相当长的时期才能表现出来。除了一些有明显经济效益的基础设施项目可以直接收回建设资金之外，大多数基础设施的建设费用无法从项目运行收益中收回。

三、城市基础设施发展阶段

普遍观点认为，在城市化水平低于30%时，城市发展速度相对较慢，处于初级阶段，基础设施建设多集中于人口密集的城市中心区域；当城市化水平达到约30%时，城市化进程步入高速增长期，基础设施建设重点也从城市中心开始向区域走廊拓展；而在城市化水平超过70%的情况下，城市化发展进入稳定阶段，基础设施建设重点转向都市群。

（一）城市化发展初期

在城市化发展的初期阶段，城市中心区域逐渐发展成形，人口向城市中心区域集聚，区域经济处于工业化前期，城市化进程较为缓慢，城市化水平不超过30%，基础设施主要集中在城市中心区域进行建设布局，以满足人口和产业聚集过程中日益增长的需求。

在城市化发展初期或城市化水平较低的区域，交通基础设施发挥骨架支撑作用，塑造城市增长极和增长轴线，加强与发达的经济区域的联系，引导并推动地区城市化进程。邻近铁路、高速公路、港口等主要交通线的城市将吸引大量物流和人流。反之，人口和经济活动的集聚也会促使主要城市之间多种交通运输方式的产生，逐渐在区域的主导经济联系方向上形成交通走廊。

（二）城市化高速增长时期

在城市化快速增长时期，人口、非农产业向经济发达的区域走廊地区蔓延，区域经济发展进入工业化中期阶段以后，随着工业化过程的迅速推进，城市化呈现出快速增长的态势，城市化水平从30%持续上升到60%左右，城市基础设施建设也顺应这种需求，发展速度加快。

特别是，连接大都市区的高速公路和轨道交通系统的建设开始改变城市的空间形态，带动住宅和产业的郊区化以及城市扩张，使郊区与城市中心区形成了稳定的通勤流。这样就构建了以中心城为核心，与周边区域保持密切社会经济联系的城市化地区，城市中心与周围郊区共同构成一个在空间上相互独立、交通上相互联系、功能上相互协作鲜明的大都市。

当区域内形成了多个大都市区，整个区域走向都市连绵区阶段，对基础设施的需求就不仅局限于单个城市或单个大都市区内部，而是应该从整个区域层面规划、搭建。尤其对于交通基础设施，区域的高速公路、城际轨道与市郊公路、铁路，以及市内道路和地铁系统要形成完善的、发达的、分层次的网络系统，才能加强区域经济联系。此外，航线和高速铁路线网的规划、机场和高铁站的建设也会促使区域城市间联系变得更加紧密。

（三）城市化稳定发展时期

城市化稳定发展时期，区域经济发展到工业化后期，城市化水平提升速度开始减缓，城市人口比重最终大体稳定在70%～80%，城市蔓延基本停止，向品质提升方向发展。

城市基础设施方面，市内、市郊、城际和跨区域的公路和轨道交通网，包括航空枢纽的建设和布局已经基本稳定。整个城市群或都市连绵区对基础设施的需求开始由量转质。此时，基础设施建设应该着重考虑如何满足人们对安全、清洁、便利的生活环境的需求。之前都市发展带来的环境污染、交通堵塞等城市病应该在此阶段通过提升生态环境品质、优化交通网络结构、提升运营效益等措施得到解决，实现各城市和整个区域的可持续发展和生态稳定、经济增长、社会和谐的平衡统一。

四、城市基础设施建设模式

从城市化发展阶段看，城市应该匹配同一发展水平的基础设施建设，但实际上，在社会资源有限的情况下，基础设施建设与城市发展存在着一个"谁先谁后"的排序问题。

通常情况下，为实现发展总目标，一个国家会确定基础设施与直接生产部门的投资优先次序和投资比例，以便对两者进行筹划和安排。从理论观点上看，如何处理基础设施建设与直接生产部门发展的顺序，有两种代表性理论：一种是罗森斯坦·罗丹主张的"优先发展论"，该理论认为发展中国家要迅速改变经济落后面貌，必须在国民经济发展初期，集中精力一次性投入大量资金优先发展基础设施建设；

另一种是赫希曼提出的"压力论",这一理论认为经济发展自身要保持较强的能动力量,产业建设应实行不平衡增长战略,集中资金优先发展直接生产部门,利用直接生产部门先行发展所增加的收入及其所形成的"瓶颈"压力,扩大基础设施投资,从而诱致基础设施发展起来。长期以来,在世界各国和各地区制定社会经济发展规划和经济增长战略时,基础设施建设模式问题普遍受到高度重视。

从实践上看,世界各地使用的基础设施建设模式,主要包括以下几类:

(一)超前型基础设施发展模式

超前型基础设施发展模式是指基础设施建设相对于直接生产活动超前一个时期。19世纪中叶的英国,基础设施的建设就属于超前型的发展模式。以交通运输为例,从1840—1850年,英国铁路里程高速增长,英国在1840年已完成大部分铁路干线,而在1850—1870年英国工业化高涨时期才到来。一般来说,超前型基础设施发展模式能够促进经济的发展。交通运输基础设施的先行发展和超前建设,为英国1850—1870年的工业化高潮提供了基础条件。但是,基础设施超前发展引致基础设施供给超过了直接生产部门的需求,通常会导致基础设施利用效率较低,自身投资效果较差。

(二)同步型基础设施发展模式

同步型基础设施发展模式是指基础设施与生产消费引起的需要相适应,直接生产部门与基础设施的形成和扩大同步发展,美国是这种发展模式的典型代表。美国在工业迅猛发展之前,铁路密度为0.41,远不及英国,美国的运输网是和美国的直接生产部门的发展同时形成的。同步型基础设施发展模式使得基础设施的发展与直接生产部门的发展相适应,基础设施基本上不存在大量的、非正常的设施闲置和能力多余的问题,并及时保证了国民经济各部门正常运转、协调发展以及居民生活需要。

(三)滞后型基础设施发展模式

滞后型基础设施发展模式是指基础设施发展落后于直接生产部门,苏联、东欧以及大多数发展中国家(包括中国以往的基础设施建设)均属于这种类型。以苏联为例,从1950—1978年,苏联石油、煤、铁矿、棉布等产量超过美国,但其铁路里程及密度、公路里程和密度远不及美国,邮电、通信等一些基础设施的发展水平和完善程度也不如美国、日本和一些西欧国家。苏联的实践证明，基础设施滞后会导致国民经济比例严重失调，从而阻碍经济发展。在滞后型基础设施发展模式下，由于基础设施的发展滞后于国民经济发展的需要，所以在一定时期内会阻碍经济发展，不利于经济效率提高，从长远来看，实际上是阻碍了生产的进一步增长和宏观经济效益的提高。

（四）"随后—同步"型基础设施发展模式

"随后—同步"型基础设施发展模式是指直接生产部门投资先行，基础设施投资随后紧跟，形成经济高速增长与基础设施迅速发展的亦步亦趋的态势，第二次世界大战后日本采取的就是这种发展模式。日本实行了"先生产性设施后生活性设施"的政策。日本政府将集中起来的有限资金和资源，优先发展交通运输、电力能源等生产性基础设施，避免出现或者尽量减少基础设施能力不足给经济增长形成的阻力。而待经济发展、政府财源扩大之后，再拿出较多的资金和资源来发展生活性基础设施。

五、城市基础设施发展趋势

基础设施建设与城市发展互相影响，密切相关。城市区域发展战略和基础设施总体发展战略决定了基础设施的发展方向和发展特征，对基础设施形态和布局产生了重要影响。同时，基础设施的建设和布局，也对城市空间的构建起到一定的引导作用。

（一）城市基础设施发展基础越来越强调与城市功能需求的有机融合

从基础设施的发展基础来看，城市基础设施强调规划先行，注重与城市功能的融合。基础设施的发展依赖于规划的奠定，通过采纳国际化、现代化的规划理念与方法，配备先进的基础设施，以实现工作与生活的平衡，提升居民生活品质。纵观全球基础设施发展的历程，绝大多数城市都经历了从关注基础设施个体功能，到重视基础设施与城市功能一体化的演变，例如东京，它通过整体规划综合交通枢纽的理念、功能、空间、景观、流线等方面，实现了交通功能与城市功能的有机融合。

基础设施并不仅是为了支撑城市发展，它在很大程度上更是城市发展的重要关键区域。纽约肯尼迪国际机场，作为纽约东部居民至关重要的就业来源之一，每年为大纽约地区创造超过300亿美元的经济活动收益。东京新宿站，是日本最大的交通枢纽，作为铁路的终点站，通过精细的规划汇集了众多城市功能。各站点之间的换乘旅客推动了商业、文化娱乐业的繁荣，使其成为东京的城市副中心。

（二）城市基础设施发展空间越来越倾向于打通区域间联系

从基础设施的发展空间来看，城市基础设施强调区域视角，注重区域间的互联互通。城市发展并非仅局限于市区范围的拓展，而是依托大都市圈广袤地域，通过城市群协同发展，孕育出世界城市的崛起。基础设施在连接城市、扩大辐射影响力方面发挥着关键作用。世界城市普遍有国际航空枢纽，拥有多机场布局，以支持频繁的国际国内往来。东京、伦敦、纽约等均有多座机场，年度旅客吞吐量逾一亿人次，且国际航线旅客占较大比例。此外，世界城市着重构建便捷的城际交通网络，如纽约、东京、巴黎等拥有千余公里市郊铁路。城市群或城市带以城市为中心，依托城际铁路、高速公路及支线航空等城际交通网络，紧密相连，产业合作紧密，共同在国际市场展现强大竞争力。

（三）城市基础设施发展体系越来越强调协同和整体效益

从基础设施的发展体系来看，城市基础设施强调系统协调，注重整体效益的发挥。基础设施领域广，延伸面长，只有做到整体的统筹，才能发挥基础设施的整体效益。东京、伦敦、纽约均注重发挥基础设施的综合性能，一方面通过开发利用地下空间实现城市增容，伦敦在1861年、东京在1958年就开始大规模建设地下综合管廊来进行管线敷设，均建成了数百公里的地下综合管廊，集各种管线于一体，提高了管理效率。另一方面，积极统筹地面与地下基础设施的综合利用，注重基础设施与土地、商业、文化的结合。东京的很多综合性枢纽有效地将高速铁路、城市轨道交通、地面公交、汽车停车和商业布局有机地联系在一起，方便了乘客活动，也促进了土地和物业开发，体现了系统化的基础设施对城市发展的支撑作用。

同时，为应对基础设施的跨区域性、多专业性特点，世界各城市普遍设立了跨区域、跨系统的基础设施运营机构。如纽约新泽西港务局被赋予广泛的综合规划职责，具备强大的基础设施资源控制和跨区域协调能力，能将机场、铁路、港口、轨道等基础设施实现一体化整合，确保纽约大区基础设施正常运行。日本东京从最初的首都建设委员会、首都圈整备委员会、国土综合开发厅，到2001年成立的"首都圈再生会议"，均在制度层面为东京基础设施的跨区域、跨专业协调提供了基础。

(四)城市基础设施发展方式越来越关注实际运行效率

从基础设施的发展方式来看,城市基础设施强调建管并重,注重运行效率的提升。世界各大城市普遍经历了在旧城基础上不断向外蔓延拓展的发展历程,交通拥堵、资源紧缺、环境污染等问题日益凸显。但是,纽约、伦敦、东京在应对大城市病方面取得了较好的成果,主要经验可归纳为两点。首先是增加供给能力。三个城市均在第二次世界大战后抓紧经济复苏机会,大规模集中建设城市基础设施,迅速提升城市整体承载能力,并通过基础设施建设引导和控制城市总体规模及空间布局,使之保持在合理范围内。其次是强化需求管理。三个城市在强化基础设施能力建设的基础上,实施了一系列需求管理政策,例如,伦敦采取道路拥堵收费措施,东京实施差异化停车收费,纽约则推行单行线道路系统等,通过对基础设施需求侧的调控管理,提高了基础设施的运行效率。

(五)城市基础设施发展思路越来越关注微观个体的实际需求

从基础设施的发展思路来看,城市基础设施强调以人为本,注重市民的实际需求。全球一流城市均为多元化、包容性极强的都市,汇聚高端资源,各类国际性会议、活动、演出、体育赛事等层出不穷,因此对城市交通的便利性和快捷性有着较高要求。这些城市均经历了私人汽车迅猛发展导致的交通拥堵问题,进而大力推动公共交通以解决城市中心区域的出行难题。轨道交通里程均超过300km,承担公共交通比重均在65%以上,同时通过激励市民选择步行和自行车出行,限制小汽车在中心城区的使用,有效地提升了交通出行的便利性。

在发展初期,世界城市普遍不是宜居的城市,城市环境都遭受了不同程度的破坏。例如,东京曾因环境污染而导致震惊世界的水俣病、疼痛病和哮喘病的发生,伦敦的煤烟污染也一度相当严重,然而,随着后工业时代的来临以及低碳经济的普及、推广与应用,世界各城市都开始高度重视城市环境建设。一方面,各大城市积极将重工业从中心城迁移到郊外甚至海外,将腾退出的土地用于大规模绿化。例如,纽约被誉为"城市森林",既拥有如中央公园般的大尺度绿地空间,也有成千上万个小尺度的森林公园。另一方面,各国城市也加大污水处理、垃圾处理等技术创新的力度,世界城市的再生水利用程度普遍较高,同时各城市也积极推广生活垃圾的全程分类系统,力求实现绿色、循环、可持续发展。

基础设施的建设最终是为生活在其中的居民服务的,注重居民的舒适性体验是基础设施发展的目的。东京地铁站基本上实现了零换乘或"无缝对接",各类公共交通设施紧密相连,所有地铁和电车站都设有出租车接客点和公交车站,每个地铁站拥有多个进出口,少则十几个,多则数十个。纽约的区划法规规定,每 $10m^2$ 的广场必须配备一个座椅,整个纽约中央公园设有9000张左右的长椅。数量充足且科学合理的座椅设计,完全满足了市民的需求。

(六)城市基础设施发展路径越来越重视可持续发展

从基础设施的发展路径来看,城市基础设施强调理念创新,注重城市的可持续发展。基础设施建设的发展总是伴随着理念的更新和科技的进步。通过新理念、新技术在基础设施领的广泛应用,城市得以快速、持续发展。一方面,世界城市均重视建设发达的信息网络和便捷的通信系统,致力于打造全球信息枢纽。纽约、伦敦、东京等城市通过先进的信息设施建设,生产和处理大量的信息和数据,并通过商业运作指导着全球资金和商品交易的运行。另一方面,世界城市基础设施建设理念都有其创新之处。例如,东京城市规划部门高度重视绿地、砂石地面对于雨水的吸收作用,因此尽量减少地面硬化面积。在一些公园的小广场、水池等设施下,建有许多小型蓄水池,用于雨季存水。纽约则将锈迹斑斑的废弃高架货运铁路重新设计成"高线公园",变身成一座现代城市版"空中花园",为城市基础设施的更新改造提供了新的范本。

(七)城市基础设施发展方向越来越关注应急常态化等安全保障

注重城市的应急常态化,保障城市安全。世界各大城市均拥有庞大的人口规模,汇集了众多大型公共设施,经济聚集程度高,社会问题复杂,并且通常情况下,灾害防御能力较弱。因此,各个城市均注重加强综合防灾减灾能力的提高。美国遭受"9·11"恐怖袭击后,纽约强化了城市和国家层面的防御措施,组建了以应急事务管理局为基础的国土安全部,旨在全面实施安全防灾政策。日本东京汲取地铁站恶性投毒事件,强化了地铁应对恐怖袭击的安全策略及规划设计。同时,作为地震和台风频发的城市,东京建立了完善的综合防灾管理体系,既强调宏观层面的首都圈应急合作体系,也重视构建微观层面的社区防灾和应急能力建设。伦敦则由英国内阁直接负责安全应急事务,已形成了立体化、网络状的应急指挥协调体系,还特别重视应急平台、风险评估和应急管理培训建设等工作。

(八)城市基础设施运营模式越来越倾向于多元化融资和市场化运营

创新融资方式,从投资拉动向市场化运营转变。基础设施建设领域的投资规模庞大,这意味着基础设施建设不可能完全依靠政府投资。在长期的探索和实践过程中,世界各大城市逐步降低了政府对基础设施建设的干预程度,转而通过培育市场经营主体,借助社会力量来推动城市基础设施建设和发展。基础设施建设的市场化运营主要有三种模式:一是市政债券融资模式,纽约就是通过发行市政债券为公共交通等基础设施建设融资,而自1993年以来,美国每年仍需发行2000亿~4500亿美元的债券用于市政建设;二是政策性金融机构融资模式,以东京为例,在政府强力主导下,分阶段、有策略地推动政策支持型融资体制的实施,为基础设施融资部门提供政策性金融担保,降低民间资本进入基础设施领域的风险;三是基础设施私有化模式,以伦敦为例,通过股票发行、整体出售、股权转移等方式,打破传统的政府垄断经营格局,引入竞争机制,提升基础设施供给的效率和质量,从而满足公众多元化的需求。

基础设施发展理念

基础设施发展主要是指基础设施与城市发展之间的关系,通过基础设施的扩展引导城市发展,通过基础设施的不断完善,促使投资和建设的集中,进而形成和谐发展的城市整体,引导和推动城市空间结构的调整和布局优化。目前,城市基础设施发展一般遵循以下几种重要的发展理念,包括区域协调发展、绿色低碳发展、精细智能发展、安全韧性发展、以人为本等。

一、区域协调发展理念下城市基础设施发展

(一)基本概念

区域协调发展理念指为了实现整体发展战略,通过制定科学合理的政策和措施,促进不同地区之间的经济、社会和环境等多个方面的协调发展。区域协调发展理念强调区域发展的平衡性和可持续性,目标在于缩小地区间的发展差距,一般通过政策协调、资源共享、产业互补等手段,促进各个地区之间的经济合作与发展。

在城市基础设施建设和发展方面,区域协调发展强调以整体和长远的视角,规划和建设城市基础设施,实现城市内部基础设施系统的均衡发展,同时促进周边地区的协同增长。区域协调发展理念在城市规划与建设中得到广泛应用,对于提升城市功能、优化居民生活品质以及推动经济持续健康发展具有重要意义。

(二)区域协调发展理念对城市基础设施的要求

从城市发展角度看,区域协调发展理念的应用强调区域交通连通性、公共服务设施的空间布局合理性、市政设施的安全稳定性等方面。

从具体领域看,在交通基础设施领域,区域协调发展理念着重强调构建高效、便捷且环保的交通网络。要求在优化城市内部交通布局、提升公共交通系统运营效

率的同时，必须强化城市与其周边区域的交通连通性，打破地理屏障，保证人流、物流及信息流的畅通无阻。倡导并实践低碳出行理念，推广使用新能源汽车，鼓励采用共享单车等环保出行方式，降低交通排放，改善整体空气质量。

在公共服务设施方面，区域协调发展理念要求城市基础设施的规划与建设要充分考虑人口分布、产业发展、社会需求等因素。例如，在医疗资源的配置上，要合理规划医院、诊所等医疗设施的空间布局，确保全体居民都能够便捷地享受到高质量的医疗服务。在教育资源的配置上，要关注不同区域的教育需求，合理布局学校、幼儿园等教育机构，实现教育资源的均衡分布。

在市政基础设施方面，区域协调发展理念强调建设包括供水、供电、供热、排水、垃圾处理等各个方面的安全、可靠、高效的市政基础设施体系。通过优化市政基础设施的布局和运营管理，确保城市居民的基本生活需求得到满足，同时提升城市应对突发事件的能力，保障城市的安全稳定运行。

在生态环境基础设施方面，区域协调发展理念注重城市生态环境的保护和建设，包括绿化植被种植、城市公园建设、水系保护与治理等。通过加强生态环境基础设施的建设和管理，改善城市生态环境质量，提升居民生活品质，进而促进城市的可持续发展。

二、绿色低碳发展理念下城市基础设施发展

（一）基本概念

绿色低碳发展理念是一种注重环保、节约资源和可持续发展的理念。应用于城市基础设施发展，着力强调在公共基础设施的建设和运营过程中，尽可能减少对周边环境的负面影响，同时还应该能够节约能源和资源，实现经济的可持续发展。

从基本概念出发，公共基础设施绿色低碳包括节能环保、资源循环利用、绿色建筑、低碳交通、生态保护五个方面内容。一是节能环保，主要体现在城市基础设施的设计、建设和运营过程中，建设主体使用有效措施减少能源消耗和环境污染，例如，部分城市在轨道交通建设中，会采用大量新能源车辆和供电系统。二是资源循环利用，主要体现在基础设施建设中，尽可能充分利用可再生资源，减少对自然资源的依赖和浪费。三是绿色建筑，主要体现在基础设施建设中，通过合理布局、材料选取和使用方式，降低城市基础设施对环境的影响。四是低碳交通，主要体现在通过完善交通体系，鼓励城市居民使用公共交通、自行车或者步行出行，减少私家车使

用。五是生态保护，主要体现在实施合理的生态修复措施，恢复和改善生态环境。

（二）绿色低碳发展理念对城市基础设施的要求

绿色低碳发展理念对城市基础设施的要求可以归结为建设绿色城市基础设施，这对解决和改善大城市基础设施建设中存在的生态、环境、功能等问题有积极的促进作用。具体而言，主要包括发展绿色建筑和节能建筑、推进环保基础设施建设以及绿色新基建三个方面。

一是发展绿色建筑，推进建筑节能改造。通过顶层设计，依据区域绿色基础设施建设现状，制定相应的阶段发展任务和时间表；推广节能建筑技术，通过合理规划、优化设计、使用可再生能源等措施，降低基础设施能耗和碳排放；强化基础设施建设施工管理，降低施工环境污染。

二是加快环保基础设施建设，优化绿色基础设施布局。推进污水处理、垃圾处理基础设施建设，补齐城市污水处理厂、污水管网、垃圾填埋场、垃圾中转站等基础设施短板，加强空气质量监测站、水质监测站等环境监测设施建设，建设太阳能、风力、水力发电站等新能源设施。

三是推动绿色新基建。在物流中心、学校、医院等公共服务设施建筑，优先推广建设绿色新型基础设施。

三、精细智能发展理念下城市基础设施发展

（一）基本概念

基础设施的精细智能发展理念，主要包括精明增长和智能发展两个方面。精明增长强调在有限空间和资源条件下，通过科学规划和合理布局，实现基础设施优化配置，意味着需要在确保基础设施安全、可靠、高效的前提下，提高基础设施利用效率。精明增长要求城市管理者充分挖掘现有基础设施潜力，通过技术创新和精细化管理，提高基础设施的运营效率，满足社会和经济发展需求。智能发展则以信息技术为引领，以数据为基础，以人工智能、物联网、云计算等新技术为动力，推动基础设施建立自我感知、自我学习、自我优化和自我修复能力，实现基础设施运行状态的实时监控、预测分析和优化调度。基础设施的精细智能发展，为促进信息基础设施升级、整合优化数据中心、推动云计算与边缘计算融合、广泛拓展物联网应用起到了重要作用。

其中,精明增长的具体内涵包括:用足城市存量空间,强化社区更新改造,建设可持续基础设施等。用足城市存量空间,即通过规划建造紧凑型社区,充分发挥已有基础设施的效力,提供更加多样化的交通和住房选择来控制城市蔓延;强化社区更新改造指重新开发现有用地,新旧城区都有投资机会,都能得到良好发展;建设可持续基础设施强调公共服务设施的可达性,促进健康生活方式。传统城市和精明增长模式的比较见表3-1。

传统城市和精明增长模式的比较　　　　表3-1

比较内容	传统线性城市发展	精明增长城市发展	精明增长工具
管理目标	经济导向	可持续发展导向	宜居城市,关注生活质量
增长模式	外延式增长—空间扩张,新城建设,摊大饼	内填式发展—注重对内城改造、古迹保护,分散化集中	成长边界
密度	低密度,中心分散	高密度,轰动中心集聚	紧凑建筑设计
交通取向	面向小汽车的交通发展模式	向提供多样性交通方式转变	TOD,步行社区
环境保护	忽视环保,低效率使用资源	重视环保,高效利用资源	绿地、开敞空间,敏感地保护
住房	主要关注白领阶层住房需求,舒适度和宽敞度	在尺寸样式上满足不同阶层人们的住房要求	可支付的住房
基础设施及土地利用	面向新区开发,土地功能分散	新旧城区协调发展,土地功能组合利用	公共设施的可达性

(二)精细智能理念对城市基础设施的要求

精细智能理念对城市基础设施的要求主要包括基础设施的智能化改造、精细化管理、以人为本的设计理念、高效协同运营模式,以及安全可靠的数据保障。

首先,城市基础设施智能化改造是精细智能理念的关键组成部分。在这一领域,关键是升级现有城市基础设施,赋予其智能化特性。此类改造包括智能交通系统、智能能源管理系统和智能排水系统等。实施这些系统将有助于显著提升城市基础设施运行效率,降低运营成本,并为城市居民创造更优质的生活环境。

其次,精细化管理为城市基础设施智能化的核心要素。此管理模式强调对城市基础设施运行状况的实时监控,以及对大量数据的深入分析,以作出明智决策。此举将有利于提升城市基础设施的维护能力,确保设施稳定运行,进而提高服务质量。

此外,以人为本的设计理念是精细智能城市基础设施的本质要求。在规划过程中,我们应注重满足城市居民的需求,以人的需求为出发点,全面提升城市基础设施的配置效能。例如，精心设计公共交通网络，提升公共交通的服务品质；优化绿地和休闲设施的分布，满足居民的休闲娱乐需求等。

同时，构建高效协同的运营模式也是精细智能城市基础设施的关键环节。通过建立高效协同的运营体系，有助于提高城市基础设施系统运行效率，从而提升整体运营效益。其中涉及信息化平台的搭建、智能化设备的运用，以及运营机制的创新等。

最后，安全可靠的数据保障是精细智能城市基础设施的根本基石。我们需要建立完善的数据安全保障体系，确保城市基础设施运行数据的安全性、可靠性、稳定性，保障城市基础设施的正常运转，避免因数据泄露或数据损毁等问题引发的运营风险。

四、韧性安全发展理念下城市基础设施发展

（一）基本概念

韧性安全是城市为防范自然灾害、安全生产、公共卫生等领域的重大灾害，需要具备的适应和快速恢复能力，属于城市安全发展范畴。基础设施的韧性安全发展理念对社会经济发展和民生福祉都会产生重要的影响。强化基础设施韧性安全已经成为提高城市抗风险能力，提升城市安全整体功能的重要趋势。

基础设施的韧性安全发展理念，一般指在城市公共基础设施的规划、设计、建设、运营和管理过程中，更加关注城市基础设施的抗灾能力、安全性能，特别是有效防范和抵御自然灾害等各种重大冲击的能力，以及遭遇重大冲击后迅速恢复城市核心功能运行的能力。作为城市综合服务功能的重要载体，城市基础设施的建设和运营改变了城市经济、社会和环境的原有形态，对城市经济发展、社会发展、环境发展等众多方面都产生重要影响，对城市韧性安全发展的需求也日益提升。

2023年，习近平总书记在上海考察时强调，"要全面践行人民城市理念""全面推进韧性安全城市建设，努力走出一条中国特色超大城市治理现代化的新路"。习近平总书记还强调："城市发展不能只考虑规模经济效益，必须把生态和安全放在更加突出的位置，统筹城市布局的经济需要、生活需要、生态需要、安全需要"。韧性安全城市建设已经成为城市安全发展的新范式。

（二）韧性安全理念对城市基础设施的要求

韧性安全发展理念对城市基础设施建设和运营管理，在设防标准、安全性、应急保障能力等方面，提出了明确要求。

一是提高城市基础设施的设防标准。城市基础设施的设防标准是保障城市安全运行的基础。在提升城市基础设施防御能力方面，可以提高自然灾害防御工程的标准，例如加强防洪、抗旱、抗震等设施的建设；可以提升水、电、气、热等城市生命线系统的韧性水平，确保在紧急情况下这些系统能够正常运行。

二是在规划阶段全面考虑重大基础设施的安全性。城市规划是城市安全发展的关键，相关管理部门在城市规划和设计阶段，必须充分考虑重大设施和重要功能的安全性，确保其在面临各种灾害时能够正常运行。这包括对城市基础设施的布局优化、合理调配资源、预留充足的灾害应对空间等。

三是进一步提高城市基础设施的应急保障能力。特别是建立"平急两用"的公共基础设施，以便能够实现在平时为市民提供服务，而在紧急情况下迅速转换为灾害应对设施的"一键转换"。如建设临时避难所、储备应急物资、加强应急救援队伍建设等。

四是要求相关部门需要建立一套完整的避难场所建设标准和后评价机制，以便对城市韧性安全发展进行定期评估。这有助于及时发现潜在风险，制定针对性的改进措施，从而不断提升城市的安全水平。

总之，要实现韧性安全发展理念在城市基础设施建设和运营管理中的落地，需要从提高标准、做好规划、提高应急保障能力和健全评价机制等多个方面协同发力，只有这样，才能确保城市在面临各种灾害时能够保持正常运行，为城市居民提供安全、舒适的生活环境。

五、以人为本发展理念下城市基础设施发展

（一）基本概念

以人为本的发展理念是一种关注人的需求和利益，以人为出发点和中心，实现个人和社会共同发展的思想。基础设施的以人为本的发展理念强调在基础设施规划和建设中，将人的需求和舒适度放在首位，提供真正尊重人、关怀人的基础设施，主要表现在两个方面：一方面，人性化的基础设施能真正体现出对人的尊重和关心，这是一种人文精神的集中体现；另一方面，人性化的基础设施还必须展现出对弱势群体的关怀，更好满足特殊人群的多样化需求。

在实践中，以人为本的城市基础设施应该具备以下五个主要特性。一是便捷性，城市基础设施应方便居民使用，包括公共交通、公园、医疗设施、教育设施

等。这些设施应合理布局，减少居民出行的时间和成本，提高居民生活效率。二是安全性，城市基础设施的建设应确保居民的安全，包括道路安全、建筑安全、运行安全等。同时，应该建立有效的应急基础设施系统，以应对各种突发事件。三是舒适性，城市基础设施的建设应注重居民的舒适度，包括公共空间的绿化、照明、通风等。同时，城市应提供多样化的休闲娱乐设施，满足居民的精神文化需求。四是包容性，城市基础设施建设应充分考虑特殊人群的需求，包括老年人、残疾人等，保障特殊人群能够公平地享受基础设施提供的服务。五是可持续性，城市基础设施的建设应注重可持续发展，包括节能、环保、减排等。通过采用先进的技术和管理手段，降低城市基础设施对环境的影响，实现城市的绿色发展。

（二）以人为本理念对城市基础设施的要求

以人为本发展理念对城市基础设施的要求涉及规划、建设和运行全生命周期，强调需求分析、公众参与、智能化、可持续性、管理和维护五方面的充分考虑和落实。

一是深化需求分析。基础设施发展需要更加深入地了解和分析人们的需求，包括不同年龄、性别、收入水平、文化背景等群体的需求。特别注意的是要重视老年人、残疾人等特殊人群的需求，确保居民都能公平地享受基础设施提供的服务。

二是强化公众参与。基础设施发展需要鼓励公众参与到基础设施的规划和建设过程中，通过公众参与，增强基础设施的针对性和实用性，提高公众对基础设施的认同感和满意度。相关部门应该提供多种参与渠道和方式，如公开征求意见、举办听证会等形式，让公众充分表达自己的意见和建议。

三是推动智能化发展。基础设施发展需要更加注重智能化和数字化技术的应用。通过引入智能化和数字化技术，提高基础设施的运行效率和安全性。如通过智能化交通管理系统来优化交通流量，减少交通拥堵等。

四是注重可持续性发展。基础设施需要更加注重可持续性发展，在建设过程中，应该采用环保材料和节能技术，减少对环境的负面影响。注重资源的循环利用和废弃物处理，推动城市的绿色发展。

五是加强管理和维护。基础设施发展需要更加注重管理和维护，相关部门应该加强对基础设施的监管和维护，确保基础设施的正常运行。同时，需要建立健全管理维护机制和服务体系，及时解决基础设施出现的问题和故障，确保提供高质量的基础设施服务。

导 读

近年来，北京的基础设施发展实现了历史性大发展，多个重大基础设施项目落地实施，多项创新成果达到国内领先水平，但相比国内外典型城市仍存在一定差距。聚焦现状，世界典型城市普遍具有适应城市发展的基础设施体系，完善的基础设施也不断吸引着国际生产要素集聚，使得城市居民的生活更加方便，也使城市经济的可持续发展获得推动力。着眼未来，世界典型城市都适时规划了各自基础设施的未来发展愿景，韧性、智慧、绿色、区域协同和以人为本等发展理念已经成为基础设施发展的目标。

本篇聚焦基础设施发展理念，选取当前世界上发展较为成熟的几大城市，比较分析北京与其他典型城市基础设施发展情况，在总结国内外基础设施发展特点的基础上，凝练不同城市基础设施发展经验，为首都基础设施未来发展提供借鉴和参考。

第二篇

案例篇

国内外城市基础设施发展对比

一、北京与世界城市基础设施发展情况比较

北京作为中国城市的领头羊,在许多方面和世界城市具有相似性和可比性,世界城市的特点除了具有国际性、积极参与国际事务且具影响力、拥有国际企业总部外,还要在基础设施领域实现较高的水平,如拥有重要的国际机场、先进的通信设备等。学习世界城市基础设施的先进方面,可为北京未来基础设施发展提供参照物,也为北京"四个中心"的建设奠定重要基础。

(一)城市交通

城市交通是指在城市(包括市区和郊区)道路(地面、地下、高架、水道、索道等)系统中进行的公众出行和客货输送等。城市交通主要依托城市道路和轨道运行,从城市道路、轨道交通、航空以及交通分担方面对北京及世界城市进行对标,寻找差距。

1.城市道路

从路网结构看,世界城市的路网大多呈现环形放射式结构。伦敦路网呈环形放射式,由旧城中心向外逐步发展演变而成,市中心对外联系,这种环形放射式系统对推动多中心布局的大城市的交通量均衡分布十分有利;环路可以分散市内交通,放射干线使市区与郊区城镇的交通便捷。巴黎的道路网属于环形放射式,于20世纪70年代基本奠定了现代巴黎的城市布局和地面路网结构。东京的道路网也是明显的环形放射式,从市中心往外延伸,便捷市中心和郊区的连接,环线道路连通城市各个区域,在城市放射性和环线的交会处形成区域中心。北京的环形放射式路网,环路起到了穿越截流、进出截流和内部疏解的作用,从中心发散出的放射道路,除满足车辆直达要求外,还加强了中心城区与郊区的联系。纽约街道经仔细规划呈棋盘式分布，南北向的街道称为"大道"（Avenue），东西向的街道称为"街"（Street）。纽约的街道许多是单行线，但在一些主要的大街如百老汇大街某些路段、公园大道等是双行线，这种交通管理合理地利用了城市有限的道路，减少交通拥堵，提高了车速。

从道路里程看，北京在道路总里程方面具有优势，但从路网密度看存在明显差距。北京道路总里程现已超过22000km[①]，但因街区尺度过大、干道间距过大、支路短缺、大院和公园阻隔等因素，导致路网密度平均为5.9km/km²[②]，相较东京、纽约、伦敦的道路密度（包括公路、城市道路）18.9km/km²、7.95km/km²、15.4km/km²，存在不小差距。

2. 轨道交通

轨道交通方面，伦敦、巴黎、纽约和东京很早就拥有了城市铁轨基础，并且在最开始就规划了大众交通为主的交通体系。北京则是在1971年才开通第一条城市铁轨。从设备设施看，城市地铁开通较早的伦敦、巴黎和纽约，比起新建地铁城市，设备老旧、换乘通道较长、车辆规模较小等问题普遍存在。

从城市轨道看，北京市城市轨道交通里程位居国际大城市前列，但城市轨道交通密度低，市郊铁路发展差距大。截至2023年底，北京市轨道交通运营总里程达836km，是5个城市中里程最长的（东京326km、纽约399km、伦敦405km、巴黎225km）。城市轨道交通密度为43m/km²，远低于其他四个城市（东京为143m/km²，纽约为304m/km²，伦敦为359m/km²，巴黎为150m/km²）。北京地铁运营线路共有27条[③]（含在建）、站点490座（其中换乘站83座），纽约地铁系统共有472个站点、24条地铁线路，伦敦共有11条线路、270个运作中的车站，巴黎拥有16条地铁线路、303个车站（387个站厅）和62个交会站，东京轨道交通路网运营线路达到13条、车站285座。从站点密度看，北京市中心没有呈现出相比于其他区域更密集的车站数量；从站点出入口来看，东京的新宿站内有36个站台、200多个出入口，便捷地通向周边的商业区和景点，北京地铁出入口最多的站点为西单和宋家庄站，分别为10个，远不够便利。

从市郊铁路看，东京和伦敦展现出强大的运力。由于我国国铁短途客运需求

[①] 数据来源：北京市交通委员会2023年全市交通工作会（2023年3月31日）。
[②] 数据来源：2023年度《中国主要城市道路密度与运行状态监测报告》，中国城市规划设计研究院等单位联合编制。
[③] 数据来源：北京日报，2023年12月29日。

被忽视，"投入大、收益低"，经济动力匮乏，"条块分割、自成体系"，衔接不畅等原因，相较于东京、巴黎、伦敦、纽约等国际性城市市郊铁路在轨道交通中占比情况，北京市市郊铁路在轨道交通中占比偏低，线网规模小。截至现在，北京市市郊铁路总里程约400km[①]，分别为东京（2013km）的20%、纽约（1632km）的25%、伦敦（1360km）的29%、巴黎（1296km）的31%。东京首都圈内参与公共交通的市郊铁路总长4476km，占轨道交通的80.8%，布局形态为环线加放射线；市郊铁路每天运送旅客3000余万人次，占轨道交通总客运量的75%。伦敦大都市中心城内市郊铁路总长788km，近郊区（50km交通圈）的市郊铁路总长923km，远郊区（100km交通圈）的市郊铁路总长高达1360km，每天运送旅客700万人，占轨道交通总客运量的70%。巴黎市郊铁路每天运送旅客量约266万人次。纽约市郊铁路主要由长岛铁路、大都会北方铁路和新泽西运输铁路构成，服务于近郊80km以内的都市圈，以通勤客流为主。总长2159km，占轨道交通的81.6%，工作日平均客运量约48万人次。市域快轨站间距较大，平均站间距达到了4.8km。

3.航空

世界主要城市中，纽约拥有机场数量最多，其中民用机场就包括肯尼迪国际机场、纽瓦克国际机场和拉瓜迪亚机场三座；伦敦拥有希思罗国际机场、盖特威克机场、斯坦斯特德机场和卢顿机场四座民用机场；巴黎有三个机场，分别是戴高乐机场、奥利机场和BVABeauvais机场；东京拥有日本吞吐量最大的民用机场羽田机场和位于千叶县的成田机场两座民用机场。北京的民航机场数量较少，现拥有首都国际机场和大兴国际机场两座民用机场，但由于整体客流量大、经济体发展迅速带来的机场规模需求以及各国经济文化往来加深的因素，北京的两个机场也起到了越来越重要的作用。

2023年4月品牌价值评估机构GYbrand发布了"2023年全球最具价值机场10强排行榜"（The World's Top 10 Most Valuable Airports of 2023），其中巴黎戴高乐机场被评为"全球最具价值机场"，伦敦希思罗国际机场位居第二，东京羽田机场和成田机场位于第三和第十，北京首都国际机场排名第七位。

4.交通分担（出行结构）

交通分担主要关注公共交通出行比例（公交分担率）和机动车出行比例。其中

---

① 数据来源：北京日报，2024年1月11日。

公交分担率是城市居民出行方式中选择公共交通（包括常规公交和轨道交通）的出行量占总出行量的比例，这个指标是衡量公共交通发展、城市交通结构合理性的重要指标。

出行结构方面，北京公交出行比例低于东京，高于纽约。机动车出行比例高于东京，低于纽约和伦敦。2023年北京公共交通出行比例由31.9%降至26%[①]，低于东京（86%）、伦敦（72%）、纽约（40%）和巴黎（35%）。纽约绿色出行比例达到64%，通勤出行中公共交通占比高达56%，巴黎市区公共交通出行分担率为67%，高峰时段达到80%。机动车出行最高的城市是伦敦（36.2%），其次是纽约（33%）、北京（31.9%）以及东京（12%）。

从轨道交通占公共交通运量的比例看，东京地铁轻轨占86%，在上下班的交通高峰期搭乘地铁轻轨的比例高达91%，远远高于纽约的54%、巴黎的37%、伦敦的35%和北京的20%，这主要因为东京实施"先建轨道后建城"和"先有地铁轻轨，后有私家车"的公共交通发展理念，因此公共交通特别是轨道交通拥有极高的利用率。也正因为各个世界城市侧重不同，造成了出行结构方面的巨大差异（图4-1）。

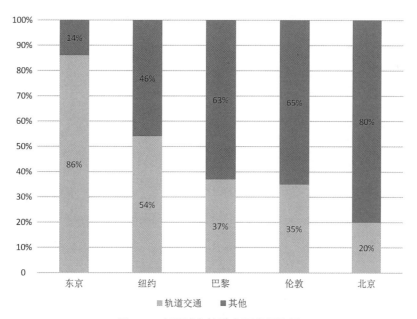

图 4-1 主要城市轨道交通出行比例

---

① 数据来源：北京商报，2024年1月17日。

(二)城市能源动力设施系统

城市能源动力设施系统是城市发展的动力来源,为城市高密度的经济生产和社会生活提供电力、燃气、供热等能源设施的支持和保障。

1. 能源结构

2019年起美国能源消费结构发生重大变化,当年由水力发电、风能、太阳能、地热能、生物质能等构成的可再生能源,130多年来首次超过煤炭,成为第三大能源,加上核能,非化石能源已占美国一次能源消费总量的20%。法国以石油和核能为供给主力,其他能源的产量相对较小。其中核能是法国电力的主要来源,超过70%的电力供应来自核能。但法国国内对于核能的争议不断,核能产量的趋势也逐渐下降。2022年部分国家能源情况见表4-1。主要国家、地区能源结构如图4-2所示。

2022年部分国家能源情况（单位：EJ） 表4-1

国家/地区	石油	天然气	煤炭	核能	水电	可再生能源	总计
美国	36.15	31.72	9.87	7.31	2.43	8.43	95.91
法国	2.91	1.38	0.21	2.65	0.42	0.81	8.39
英国	2.67	2.59	0.21	0.43	0.05	1.36	7.31
日本	6.61	3.62	4.92	0.47	0.70	1.53	17.84
中国大陆	28.16	13.53	88.41	3.76	12.23	13.30	159.39

资料来源：《2023年世界能源统计年鉴》。

2. 绿色能源应用

随着对环保的日益重视,越来越多的国家、地区和城市都使用绿色能源开展生活作业。以发电为例,纽约州至2018年11月已经完全消除了煤炭发电,纯燃油发电的电厂比例也有所下降,目前州内半数以上的电能来源为燃气发电与燃气/燃油双燃料发电。水电占据电能来源总量的20%左右,核电所占比例同样显著。以风电为代表的可再生、清洁能源发电近年来增长明显,风电目前已发展到占全州电能来源的3%左右。纽约州的输电网络也较为完备,各发电厂生产的电能通过230kV以上的高压输电网络遍布全州各地区,其中下州地区输电网络基本全数为330kV以上的超高压输电网络。伦敦所在的英国,目前有14.4GW的陆上风电装机和13.7GW的海上风电装机。根据《Drax 电力观察》发布的最新季度报告显示,2023年第一季度,英国海上和陆上风电提供了全国32.4%的电力,而燃气

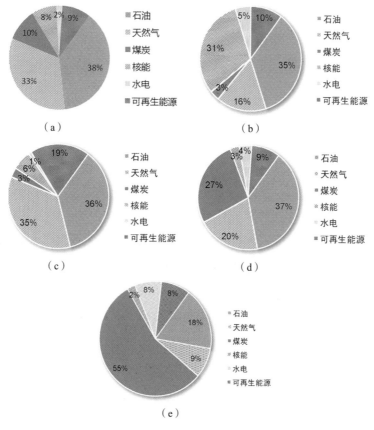

图 4-2　主要国家、地区能源结构

(a)美国；(b)法国；(c)英国；(d)日本；(e)中国大陆

发电站提供了31.7%的电力，英国风电场的发电量首次超过燃气发电站。英国第一季度近42%的电力是使用可再生能源生产的，包括风能（24TWh，32.4%）、太阳能（1.7TWh，2.3%）、生物质能（4.2TWh，5.7%）、水电能（1.1TWh，1.5%）。东京所在的日本再生能源并网量在2015年度时已经超过燃煤发电，2016年太阳能发电的总并网量更超过了其他所有类型的再生能源。核能是法国的主要能源产品，核能提供的发电量占发电量的比例超过了70%，可再生能源和废物利用贡献的发电量也已经超过了15%。同其他城市和地区相比，北京在清洁能源发电方面还有很长的路要走，2022年火力、水力、风力及太阳能分别占北京市发电量的97.71%、1.89%、0.02%和0.39%。

（三）水资源

对比城市供水系统，北京的水资源量、再生水利用率均有优化空间。北京人均水资源量处于较低水平,但是人均用水量相比较高。2022年北京人均水资源量为109m³[①],分别为伦敦(257m³/年)的58%、纽约(323m³/年)的46%、东京(464m³/年)的32%。北京市规划,2035年人均水资源量达222m³/年,但还是低于目前国际城市水平。北京人均综合用水量为183.1m³/(人·年)[②],分别是伦敦[127m³/(人·年)]的1.4倍、东京[112.5m³/(人·年)]的1.6倍、纽约[126.8m³/(人·年)]的1.4倍。从供水安全系数来看,北京供水安全系数略低于国外大城市,城区供水安全系数提升至1.3[③],国外大城市基本在1.4~1.6。

北京城市供水水质标准对接国际,但执行力度有待提高。我国采用的最新生活饮用水卫生标准是《生活饮用水卫生标准》GB 5749—2022,我国的饮用水水质标准已与世界标准接轨。日本和欧洲自来水可以直饮,主要是标准执行情况好。日本非常重视对原水水质的监控与管理,通过原水输送管网的在线检测仪,掌握水质情况,随时调整净水处理的相关程序。英国供水管理将技术管理和经济管理分开,由饮用水督察局和供水服务办公室分别进行管理。饮用水督察局专门负责饮用水安全,具有对水质的独立审核权,以确保饮用水安全达标。美国的供水由联邦政府与州政府的合理分权、分工协作,共同执行水质标准管理,由联邦政府环境保护署执行,提供统一的数据库、标准,并对各州给予不同的技术支撑和资金支持,以确保水质要求达标。

各个国家或组织检测项目数汇总见表4-2。

各个国家或组织检测项目数汇总(单位:个) 表4-2

项目	指标总数				
	中国	美国	日本	WHO	欧盟
监测项目总数	106	88	87	172	48

再生水的利用是缓解水资源问题的重要途径之一,重点是对城市再生水加以合理利用。再生水一词最早来源于日本,日本大城市双管供水系统比较普遍,一个是饮用水系统,另一个是"再生水道"系统。"再生水道"输送量约占再生水回用量的40%,日本再生水主要用于城市杂用、工业、农业灌溉等。美国佛罗里达州

---

① 数据来源:《北京市水资源公报(2022)》。
② 数据来源:《北京市水资源公报(2022)》。
③ 数据来源:北京日报,2023年12月27日。

提出的基本模式是非饮用水回用，大规模地施行双管供水系统，以自来水40%左右的价格将城市污水处理水供给高尔夫球场、城市绿化和建筑物、住宅区的中水道用水；得克萨斯州则根据自己用水的传统和水文地质特点，采取"间接回用"的模式，大规模进行污水处理水的地下回灌。美国再生水水质标准各州不统一，而且根据再生水的不同用途制定了不同的水质标准。欧盟在2003—2006年实施了一项为期3年的AQUAREC项目，旨在通过建立"处理污水回用的集成概念"。评估具体情况下污水回用的标准条件以及污水回用在欧洲水资源管理框架下的潜在作用。北京2010年再生水利用量首次超过了地表水用水量，并已成为北京水资源的重要组成部分。截至目前，我国已颁布了多个推荐性国家水质标准，包括《城市污水再生利用 城市杂用水水质》GB/T 18920—2020、《城市污水再生利用 景观环境用水水质》GB/T 18921—2019、《城市污水再生利用 工业用水水质》GB/T 19923—2024、《城市污水再生利用 地下水回灌水质》GB/T 19772—2005和一个强制性国家水质标准《城市污水再生利用 农田灌溉用水水质》GB 20922—2007、《城市污水再生利用分类》GB/T 18919—2002、《城市污水再生利用绿地灌溉水质》GB/T 25499—2010等。

（四）生态环境

1.公园绿化

北京城市绿化率高于纽约和伦敦，低于东京，但人均公共绿地面积低于纽约和伦敦，高于东京。2023年北京城市绿化覆盖率达到49.8%[①]，明显高于纽约（28%）、伦敦（47%），低于东京（66%）。北京建成区人均公园绿地面积（人均公园绿地面积+马路边的人均绿地面积=人均公共绿地面积）为16.9m²[②]，低于纽约（人均公共绿地面积19.6m²）和伦敦（人均公共绿地面积22.8m²），远高于东京（人均公共绿地面积4.5m²）。具体对比如图4-3所示。

城市公园作为公共服务设施，应具有较强可达性，应能使服务范围内居民通过休闲的步行方式到达，因此服务半径应能适宜人的步行原则。根据相关研究，1929年佩里提出了"邻里单位"理论提出适宜的步行距离为400m（5min的步行距离）；美国的新城市主义者认为人的适宜步行距离是300~500m。目前北京公

---

① 数据来源：北京市园林绿化局2023年工作总结，2024年1月。
② 数据来源：北京市园林绿化局2023年工作总结，2024年1月。

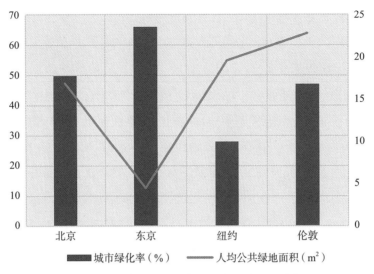

图 4-3 城市绿化率与人均公共绿地面积对比

园绿地服务范围为500m、伦敦为300m、纽约为600m，根据雄安新区规划纲要，起步区公园300m服务半径覆盖率100%，基本都符合这一理论。

2.城市湿地

城市湿地在减少洪水泛滥、补充饮用水、过滤废水并提升水质、改善城镇空气质量及增加人类幸福指数等方面发挥着重要作用，因此湿地的建设和保护关系到整个城市可持续发展。北京的湿地建设在几大国际城市中处于较高水平，截至2023年底，北京市园林绿化局统计显示，全市湿地面积已达6.09万hm^2，对进一步提高北京市生态环境质量、维护首都生态平衡起到了重要作用。纽约市共有5hm^2以上湿地面积2263.4hm^2，其中潮汐湿地1625.6hm^2、淡水湿地637.8hm^2，纽约通过三级立法确立法律保障、依托湿地地图建立湿地数据库、湿地权属转移明确保护权责、湿地分级管理、严格补偿措施促总量增长、多样化资金投入等方式，经过数十年的努力，有效地促进了湿地保护工作的开展。伦敦拥有世界上第一个建在大都市中心的湿地公园——伦敦湿地中心，占地42.5hm^2，湿地中心大面积的水域和植被一定程度上调节了伦敦地区环境气候和空气质量，同时由于良好的栖息环境，也吸引了超过130种的野生鸟类。东京的湿地公园主要包括水元公园和东京湾的东京港野鸟公园等，被称为都市绿洲的水元公园占地90hm^2，是东京内唯一拥有沿"小合溜"而建的水乡景观的公园。东京港野鸟公园占地3.2hm^2，是东京都府第一个推动自然环境复育的案例。

二、国内外基础设施发展特点

综合以上世界城市基础设施发展现状，可以发现，世界城市的国际化特征，使其在未来发展规划中不仅要应对城市自身发展的风险与挑战，也要适应全球化发展的竞争，基础设施则是其迎接内外部挑战的有力支撑。在当前世界形势快速变化的背景下，东京、伦敦、纽约、巴黎等国际城市，上海等国内发达城市，均结合自身发展需求及人口空间规模变化情况，推动城市基础设施在不同领域呈现出不同的鲜明特点，为北京市发展提供了有益参考。

（一）基础设施建设与城市发展相辅相成

基础设施是城市的骨架和支撑，城市则为基础设施提供空间和载体，两者相辅相成、互相促进。东京，被称为"轨道上的大都市"，通过以轨道交通为导向的站城一体开发理念，实现了轨道交通建设与城市发展的有机融合。

1. 东京轨道交通发展历程

东京能够成为国际大都市，发达的轨道运输系统发挥了极大的作用。日本城市铁道19世纪末至20世纪初建成了从东京通往全国的官营铁道网，现在的东京都市圈轨道交通由JR、地铁、私铁和其他（以第三部门形式出资的铁道、公营单轨和有轨电车等）组成。东京都市圈城市规划演变进程中，轨道交通规划建设始终与城市规划协同推进，同步解决城市发展的不同问题。东京的轨道交通发展可分为四个阶段：

第一阶段起步期（19世纪70年代—20世纪20年代），日本开始建设象征性强、功能简单的火车站。1872年，日本第一条铁路京滨铁路（东京新桥—横滨樱木町）通车，象征着日本交通发展开始了现代化探索，轨道交通兴起。

第二阶段萌芽期（20世纪20—50年代），私营铁路车站内开设百货店逐渐在东京兴起。20世纪初，日本私营铁路开发在东京和大阪全面发展起来。为保障轨道交通客流和沿线人气的持续增长，1920年，大阪梅田枢纽站的枢纽大厦开设阪急百货商场，1934年，东京涩谷站开设东急东横百货商场。

第三阶段发展期（20世纪50—90年代），这个阶段出现了车站建筑和站前空间开发、"新线+新城"开发模式以及新干线核心车站的开发建设。其中，车站建筑和站前空间开发是以"官民协动"方式融合民间资本参与战后车站重建，车站为民企提供商业、办公等功能空间，并创新性地形成地下商业街。"新线＋新城"模式是伴随经济飞速发展出现的城市住房紧缺问题，政府和企业大力建设郊区新城为新迁人口提供住宅及相关生活设施。其中，政府主导开发的多摩新城、千叶新城和筑波科学城，日本东急集团主导的多摩田园都市新城有效利用了轨道交通，实现了新城和轨道交通建设运营的协调发展。通过数十年的轨道交通和沿线产业的一体化开发，郊区农田成功转型为人气街区，有效促进了经济发展。新干线核心车站的开发建设源于1964年，为迎接日本东京奥运会开通东海道新干线，在东京、大阪郊区建设的新横滨站、新大阪站等核心车站，加速了周边区域的土地区划整理及核心车站周边的城镇化进程。随着东海道新干线以外地区轨道交通网络的完善，JR新干线、JR城际线、市营地铁线、民营地铁线的一体化连接大大促进了周边地区的发展。

第四阶段完善期（20世纪90年代至今），大力推进站城一体开发。20世纪90年代以来，在车站更新、铁路民营化、相关法律系统化等多种因素的作用下，日本轨道交通枢纽站的站城空间与功能复合，一体化开发的实践在形式和布局上日渐成熟并不断完善。

2. 丰富多元的站城一体开发和布局模式

东京自20世纪20年代就开始了城市建设与轨道交通发展结合的探索，经过多年发展，以轨道交通为导向的站城一体开发理念已深入贯彻于东京都市圈轨道交通的投资、规划、设计、建设、运营等各个环节，开创了一条具有日本特色的站城一体开发之路。东京在轨道交通建设之初就以与土地利用深度融合为前提，将商业、办公、住宅等功能按照圈层布局。在东京都市圈，居民可以乘坐轨道交通方便地到达城区的任何目的地，并且从地铁出口可直达办公大楼和商业中心。通过大规模轨道交通与土地一体开发，大幅减少了机动车使用率。

根据选址和车站形式不同，东京轨道交通站城一体开发类型可分为：高密度——以大城市交通枢纽站为中心的集聚式开发、中密度——与轨道交通同步建设的城市中心车站开发、低密度——与轨道交通同步建设的沿线型郊区车站开发（表4-3）。在高密度开发类型中，车站周边大部分土地已建设完毕，土地只能高度复合，以实现高效利用；中、低密度开发则能促进城市基础设施建设，提高沿线土地价值。三种开发类型均能将枢纽站与周边地区建设成为高品质的功能性空间，并在持续保障轨道交通收益的同时，通过非轨道交通业务扩大收益。

东京站城一体开发类型　　　　　　　　表4-3

开发类型	典型车站	区位	容积率	开发模式
高密度	涩谷站、东京站	城市中心区	>9.0	办公、商业、娱乐等
中密度	二子玉川站	城市近郊区	3.0~5.0	办公、商业、住宅等
低密度	多摩广场站	城市远郊区	2.0~3.0	办公、商业、娱乐等

根据各轨道交通站的空间特点，东京轨道交通站城一体开发也出现多种布局模式。如东京JR东急目黑站的车站、站前广场、建筑综合体垂直布局模式，特点是将车站、站前广场、巴士接驳车站垂直组合，强化交通节点功能，并在车站上方建设高附加价值的建筑综合体。JR目黑线路通过垂直布局形式上盖车站大楼，功能包括办公、商业、停车场、车站，地下3层是东急目黑线换乘广场，地上1层是巴士接驳换乘广场。再如东京用贺站地下车站与周边街区的一体化布局模式，特点是将自然光和绿植导入地下空间，使得轨道交通车站和其他功能空间无缝对接。用贺站综合体地下2层、地上29层，其中地下1层是车站检票口和地下商业街，通过在地铁车站与综合体之间建设广场（瀑布广场、地下街光井、下沉广场等），成功地将地下车站与周围街区形成完美的整体空间。

（二）基础设施建设要贯彻绿色发展理念

面对全球性的气候变暖及能源危机，低碳发展模式成为各大城市寻求可持续发展及新的经济增长点而积极探索出来的发展道路。伦敦、东京、纽约等世界城市纷纷提出低碳城市的中长期目标及相关规划，并积极践行。伦敦作为老牌资本主义国家中心城市，有着深厚的技术积累与文化沉淀，从"雾都"到蓝天白云，虽付出了"毒雾事件"的惨重代价，但历经半个世纪的铁腕治污，其低碳城市建设尤其是基础设施领域的低碳实践得到了全世界的肯定。

1.伦敦低碳城市发展历程

从早期工业革命时代至今，伦敦低碳城市的发展历经两大时期。

一是高碳发展时期。18世纪60年代，英国开始工业革命，煤炭资源的广泛应用产生大量烟雾，由于地理和气象原因，烟雾不散，形成"伦敦雾霾"。1875年，为改善大气环境，英国政府通过公共卫生法案。经过半个世纪的治理，煤炭在工业中的使用比例有所下降，大气环境有所改善，但雾霾依然存在。再加上汽车的普及，尾气排放使雾霾愈加严重。1952年12月5日开始，伦敦出现一次延续5天的严重大气污染事件，造成多达12000人的丧生，还有很多人患上支气管炎、肺炎、肺结核、肺癌、冠心病等疾病。

二是低碳治理时期。"毒雾事件"以后，英国政府及民众痛下决心进行城市大气环境治理，主要针对燃煤和交通用能制定一系列法案和措施。1956年，通过《清洁空气法案》，对城市居民的传统炉灶进行统一的大规模改造，减少生活用煤量，冬季供暖采取集中供热；在伦敦市区设立无烟区，无烟区内煤炭被禁止使用；工业中高碳行业被迁到郊区。1974年，又通过《控制公害法》，对空气、土地、水域以及噪声进行全方位防护，以保护城市环境。同时在交通等基础设施领域严格控制用能和减排。历经多年治理，雾霾得到根本性治理，实现了从高碳发展到低碳治理，也由此推动了英国环境保护立法的进程。

2.交通碳中和经验做法

针对交通用能，伦敦市政府制定低碳目标：截至2025年，伦敦交通领域的减排目标为降低795万CO_2当量。同时，《伦敦市长交通战略（2018）》承诺到2041年，伦敦道路、铁路和航运的碳排放减少72%，总体交通量减少10%～15%；到2050年，实现80%的出行由步行、自行车或公共交通承担。为实现该目标，伦敦市采取多种减排措施。

第一，积极发展公共交通及无污染公交。加强公共交通基础设施建设，推动巴士、地铁出行，建成多网并联轨道交通体系。目前，伦敦日常早高峰从近远郊前往中央活动区的出行总量为130万人次，其中铁路出行占比高达80%。同时，伦敦政府致力于清洁城市公共交通的发展，研发零排放燃料电池公交车，使空气污染和噪声得到有效降低。

第二，设置低排放区并推行交管措施。为控制PM2.5与CO_2的排放，2019年，伦敦交通局在核心区域设置21km²的超低排放区，以减少机动车行驶总里程。2020年，伦敦市中心建立零排放区，计划至2025年将市中心打造成零排放区，到2050年伦敦全域成为零排放区。伦敦还划定了低排放巴士区，在污染最严重的路线建立清洁能源巴士运行系统。除此之外，伦敦还通过经济手段调节城市道路网交通量。2008年2月开始，伦敦通过增加大排量汽车的进城费、提高繁华市区停车位租金、实行"拥挤定价"机制等方式，限制私家车进入市区，促进城市区域的降碳减排。

第三，大力发展慢行交通。2010年7月，伦敦第一条自行车高速公路正式通车，每天约有5000辆自行车通过。政府投资5亿英镑，增加自行车停车点3.6万个，公租自行车近50万辆。同时，伦敦利用健康街道设计方法平衡路权，优化街道空间环境,促进慢行交通的发展。如肖尔迪奇街道改造项目通过改善伦纳德马戏团周边空间环境,降低机动车优先级,创造了具有吸引力的公共空间,并使其成为自行车高速公路段的重要组成,同时在部分路段设置通行时间限制区,高峰时段仅允许自行车、步行及超低排放车辆出行等。

第四,鼓励发展新能源汽车。大力发展节能型电动汽车,提供电动车购买刺激政策,鼓励居民使用清洁能源车辆。英国政府规定,在2016年前,购买电动汽车,将获得高额返利,并免交汽车碳排放税,在某些场所还可以免费停车,以此鼓励市民购买和使用新能源车。优化城市充电网络基础设施。

第五,减少政府部门公务用车。在伦敦,除首相和内阁主要大臣外,其他政府官员不配备公务专车。

(三)基础设施建设注重安全高效和智慧

现代化基础设施体系不仅要系统完备、智能绿色,还要高效实用、安全可靠。巴黎作为地下管廊的发源地,很好地践行了以上原则。

1.巴黎地下管廊发展历程

19世纪初,欧洲首先提出了建设综合管廊,首条管廊于1833年在法国巴黎建成。

法国管廊历史悠久,发端于法国城市化初期的城市扩张。1785年,巴黎人口已达60万人,全部挤在市中心的贫民区中,生活污水未经处理就直接排入塞纳河道,造成水源污染,进而引发霍乱大肆传染,以致当时人均寿命只有40岁。

严重的生态危机迫使巴黎政府启动重建工作。城市卫生组织从源头规划改进了巴黎城区内的水道网络,巴黎地下的石灰岩结构为其地下管网的建设提供了便利条件,到1978年,巴黎已修建600km下水道,并不断延长。之后的发展中,法国人逐渐将自来水、电力缆线、通信缆线、压缩空气管道等多种管线敷设在管廊内部,即综合管廊的雏形。管廊功能由原来单一的下水道功能,逐渐变得综合多元。如今,日常清洗街道、城市灌溉系统、调节建筑温度的冰水系统以及通信管线也从这里通向千家万户,综合管廊的建设大大减少了施工挖开马路的次数。

历经120多年的发展,现在巴黎综合管廊总长2400km,是世界上拥有管廊公里数最长的城市,位居世界十二大智慧城市之首。

2.巴黎综合管廊是其城市安全的有力保障

巴黎下水道总长为2484km,拥有约3万个井盖、6000多个地下蓄水池。管廊兼具排污和泄洪两个用途，设计之初，管廊里就同时修建了两条相互分离的水道，分别集纳雨水和城市污水，实现了雨污分流。每天有超过1.5万m^3的城市污水通过这个庞大的系统排出城市。

除此之外，管廊还是巴黎的防洪通道。雨水管道利用地形优势向塞纳河方向排水泄洪。巴黎下水道网络包括2个污水压力提升厂、11个专门针对雨季塞纳河水的涨水站和安全阀，以及50个专门保证排水效果的路边下水道。一旦发生大暴雨，安全阀门将打开，保证雨水直接顺利地排入塞纳河。如果遇到塞纳河涨水，管理人员会关闭下水道系统与塞纳河的连接口，以防止河水倒灌入城。巴黎市北部还设有一个16.5万m^3的泄洪池，以应不时之需。自1910年以来，巴黎几乎再没有出现过因暴雨造成城市内涝的情况。

3.巴黎综合管廊系统集约高效且智能

以下水管道为基础，巴黎创造性地将通信电缆、光缆等管线一起集中布置，大大提高了管网的利用效能，并形成早期地下综合管廊。巴黎将综合管廊专项规划纳入城市地下空间系统规划，协调综合管廊与地下轨道交通、城市地下商业设施、快速路等城市基础设施整合建设同步实施，并在部分条件成熟的区域构建综合管廊体系。在技术方面，实现多种管线入廊。除广电、通信、电力、工业、给水排水、燃气、热力等管线外，还根据管线特征创新敷设方式，发展再生水、垃圾真空收集、片区能源供应管道等特殊管廊。

巴黎不断创新现代化、智能化的管廊运维和管理模式。下雨时，安装在主要下水管道中的传感器会持续检测水位，如水位过高，过剩的水流会通过水泵分流到检测水位。若所有管道的水位都过高，过剩的水流会汇集到分布在城区的大型地下蓄水池，水退之后，积蓄的水位会再排放到下水管道中。一旦系统过载，45条直达塞纳河的排水管道在水流的作用下会自动启动安全门，让过剩的水流直接排入塞纳河。下水道的清淤系统则配备了电脑，涨水站和安全阀主要依靠一套水压物理系统。如果泥沙淤积过多，原本紧闭的球形阀门会被打开，另外一侧的水会猛烈冲击淤泥，卷走沉积物，达到清理效果。先进的信息管理系统确保了管网系统的安全、高效运行。

如今，巴黎市政府建立了城市信息系统，即城市地籍和地下管线管理的GIS系统，在地下排水系统中的应用成效显著。巴黎市下水道管理部门建立了一套数字化系统，使用先进的光缆铺设机器人和管道检测机器人，定期监控地下水管道状况、实时跟踪调查管道清洁程度等，收集反馈数据，并以此建立数据库，实施智能化管理，大大改善了下水道管廊的系统服务。

（四）基础设施建设促进区域协同一体化

基础设施的延伸与共建共享，会促使区域间形成高频度、大规模、紧密联结的要素流动网络，进而促进超大特大城市与周边市县的协同一体化进程。纽约，作为典型代表，可以说其通过纽约"机场群"撑起了纽约"城市群"的发展。

1. 纽约机场群发展历程

美国是世界民航运输第一大国，且国内和国际市场两旺。美国东西海岸线形成以纽约、洛杉矶和迈阿密为中心的三大航空枢纽群，其中纽约机场群飞行量居全球首位，在美国航空的国际交流中发挥重要作用。

纽约机场群历史悠久，从第一次世界大战后开始建设，到20世纪40年代初见雏形，历经20多年，整体发展分为两个阶段。

第一阶段：始于各自建设，并向统一管理逐步推进。

泰特波罗机场是纽约地区最古老的机场，历经两次世界大战，1949年被纽约新泽西港务局（以下简称纽新港务局）收购，开始提供民航服务。纽瓦克机场于1928年10月投入使用，第二次世界大战时期被美军接管，直到1946年恢复商业运行，并由纽新港务局管辖。拉瓜迪亚机场前身是私人机场，1947年被租借给纽新港务局。斯图尔特机场20世纪40年代一直作为空军基地。肯尼迪机场始建于1942年，并于1947年由纽新港务局承租，1948年7月实现商业航班首航。至此，纽约都市区五座机场格局基本形成。

第二阶段：纽新港务局统一管理，形成多机场体系。

20世纪50—80年代，肯尼迪机场、纽瓦克机场和拉瓜迪亚机场在纽新港务局的统一管辖下经历了大规模的改、扩建，民航业务高速增长。与此同时，泰特波罗机场和斯图尔特机场几经易主，发展缓慢。纽约机场群逐渐形成以两个大型国际枢纽为龙头，以区域、公务、支线、低成本和货运为补充，分工明确、层次清晰、服务专业化的多机场体系。

此外，纽约周边300km内还坐落着洛根国际机场、费城国际机场和巴尔的摩机场。纽约都市区还有许多直升机场，其中最繁忙的三个位于曼哈顿，分别为曼哈顿中心直升机场、东34街直升机场和西30街直升机场，提供定期直升机服务。

2. 纽约机场群统筹管理错位发展

第一，构建"一超两强两辅"的多机场设施体系。肯尼迪机场作为纽约机场群最大的国际航空枢纽,有6座航站楼,4条跑道,最高跑道等级4F。纽瓦克机场拥有3座航站楼,2条跑道,最高跑道等级4E,可满足绝大多数机型起降需求。拉瓜迪亚、泰特波罗机场和斯图尔特机场基础设施条件符合干支线和公务运输需求。

第二,不同机场定位航线网络等各有侧重,形成差异化竞争格局。在纽新港务局的统筹管理下,纽约机场群内主要机场分工定位不同,旅客市场分布特征与航点、航班等资源的供给相匹配,各机场根据所在地特点形成各自特色,进行错位经营。如肯尼迪机场作为都市区最大的国际枢纽机场,与纽瓦克机场一起承担机场群大部分国际客货运输功能,拉瓜迪亚机场则是主要提供国内航班服务的干线机场,斯图尔特机场是军民两用机场。周边的直升机场等则承担了短途运输、应急救援、医疗救护等功能。纽约机场群主要机场情况见表4-4。

纽约机场群主要机场情况 表4-4

机场	成立时间	功能定位	运营特点	主要航空公司
肯尼迪机场	1948年	大型国际枢纽	主营国际航班,以远程旅客为主	捷蓝航空、美国航空和达美航空
纽瓦克机场	19世纪20年代启用,20世纪70年代扩建后改名为纽瓦克国际机场	大型国内枢纽	主营国际航班、部分国内航班、货运枢纽	美联航和联邦快递
拉瓜迪亚机场	1939年启用,1953年更改为现名	国内干线机场	主营国内航班、以短途航空运输为主	达美航空
斯图尔特机场	1934年西点军校建设军用机场	军民两用机场	发展低成本航空,引导三大机场的低成本航空业务转移分流	—
泰特波罗机场	1917年启用	国际、国内公务机为主	不与枢纽运输机场竞争,服务商务人士,配合直升机点到点的运输,起降具有弹性,促进商务活动开展	美国航空、达美航空和智利航空

3. 纽约机场群通过交通接驳设施促进城市群协同发展

由于纽约地区经济活跃、高收入人群多,对航空运输的需求十分旺盛,美国东北部航空走廊成为目前美国最为繁忙的航空运输带。除机场群内部统筹的功能规划和经营管理外,城市群内的轨道交通、港口、公路、桥梁等陆海交通设施与航空地面设施还相互联动。拉瓜迪亚机场设置两条接驳专线分别连接肯尼迪和纽瓦克两座枢纽机场,实现城市群机场间公交可达,机场巴士也可通往市区主要站点。同时,纽约三座主要机场都有轨道交通,方便联结各航站楼、停车场和美国铁路、长岛铁路、新泽西捷运、纽约市地铁,实现机场群与城际铁路、市域铁路、中心城市地铁等轨道网络的融合发展。纽约机场群通过打造海陆空全方位无缝衔接的综合交通网络，优化了旅客的体验，提升了总体竞争力，同时促进了纽约城市群的协同发展。

（五）基础设施建设更加注重"以人为本"

伴随城镇化进程的推进和经济的快速增长，城市基础设施与人的活动更加密切，能够支撑市民日常生活、完善城市服务功能、提高城市整体质量，因此未来城市基础设施建设应该以更好满足人的需求为标准，建设更好的尊重人、关怀人的基础设施。上海作为中国的经济中心和国际大都市，在基础设施建设方面，更加注重以人为本的理念，不断优化交通、公共设施和城市环境，提升市民的生活质量。

1. 上海公共交通的发展历程

上海公共交通发展过程中，始终伴随着城市的变迁，引领和支撑城市的发展。同时，上海也始终坚持以人为本的理念，不断优化交通管理体制和机制，推动绿色交通、平安交通和智慧交通的发展。这些努力使得上海的交通体系更加完善、便捷、舒适，为市民和游客提供了高质量的交通服务。

上海公共交通的发展经历了三个阶段：

第一个阶段，公共汽（电）车是公共交通的主体，承担了90%以上的公共客运量。1995年，轨道交通1号线（一期）全线正式运营，实现了上海轨道交通从无到有的历史性突破。

第二个阶段，轨道交通客运骨干作用进一步明显。伴随"世博会"的举办，上海加大了城市轨道交通建设力度，轨道交通快速成网，2010年形成了超过450km的运营网络。

第三个阶段，轨道交通客运主体地位基本确立。上海坚持"公交优先"发展战略，努力打造"公交都市"，到2020年轨道交通网络超过了700km，规模居世界领先，公共汽（电）车线网长度超过9000km。

2. 上海公共交通突显人性化特色

上海公共交通建设和发展迅速，公交线网不断优化，公交与轨交两网融合更加紧密，交通方式衔接更加高效，通勤换乘时间显著缩短，为市民的出行提供了极大便利。全市公交平均线路长度从2013年的19.1km下降至2019年的15.7km，并保持下降趋势；公交出行效率不断提高，2020年，公交专用道高峰时段中心城区行程车速15～17km/h，较2015年提升13%～15%；截至2017年底，上海市轨道交通站点周边50m半径范围内提供公交服务的比例达到75%、100m半径范围内提供公交服务的比例达到89%；新建轨道交通站点周边50m范围内已全部实现公交线路配套。

上海公共交通设施更加人性化，极大提升市民出行体验和便利性。2019年有4079辆低地板无障碍公交车，占全市公交车总数23%；早在2016年，部分公交车已经开始试运营，车厢内配置USB充电端口，乘客只需随身携带数据线，就能自助为手机充电；公交免费WiFi努力实现全覆盖，方便居民出行和上网。轨道交通站点布置更加便民、利民，站点设计更加注重与周边设施相融合，站台内各种无障碍设施随处可见，车厢内设有专门的轮椅位置、无线充电板和USB充电口，极大地方便旅客出行。

上海着力推动公共交通绿色低碳发展，让公共交通变得更加环保。2019年的《政府工作报告》中提出上海全面推进新一轮清洁空气行动计划，新投入使用的公交车全部采用新能源机车，推动空气质量持续改善；截至2020年底，930路、17路、18路、隧道8线、146路新增89辆超级电容车，新一代超级电容技术的推广，大幅提升了车辆的续航里程，促使公交车成为上海市绿色出行的先锋。截至2020年，上海地铁有三林、富锦路、浦江镇、金桥等10个光伏发电基地，年发电量一共可达2400万度，节约标准煤6912t，减排CO_2 18912t，推动上海地铁绿色低碳发展。

上海积极推动智慧出行，公共交通智能化、自动化水平不断提高。通过大数据、新技术，互联网+、车联网等新技术，加快"智慧公交"体系建设，公交站台显示屏可推送车辆到站时间、天气情况等信息，并且由"文字+数字"的形式转变为"图像化"，部分站点放置触摸屏，提供地图查询、周边景点介绍等服务；"智能导乘员"机器人可实现人机互动，提供线路沿线主要商圈、景点及医院的公交换乘及天气预报等便民信息。上海地铁利用地铁全自动运行系统实现无人驾驶，截至2020年，上海共有四条无人驾驶地铁线路，分别为10号线、浦江线、18号线和15号线，相比于传统地铁，无人驾驶地铁更加规范、可靠、高效，同时大大提升了乘客出行的便利性和安全性。

韧性城市建设案例与经验

人类社会发展过程中，经常伴随高烈度地震、极端气候、疫情等重大灾害和冲击，如何应对影响，迅速恢复正常的生产生活，是各国推动城市可持续发展中始终面临的重要命题，韧性城市建设就是解决问题的关键。2002年，宜可城——地方可持续发展协会（ICLEI）首次提出"城市韧性"（urban resilience）议题，并将其引入城市与防灾研究。韧性城市是指面对冲击和压力，能够做好准备、恢复和适应的城市。韧性城市能够及时有效地抵御、吸收、容纳、适应、改造和恢复灾害和冲击的影响，在面临危险、冲击和压力时仍然能够繁荣。

一、各地韧性城市建设经验案例

一个城市的韧性水平反映了其城市系统应对复杂性和不确定性的风险治理能力，提高城市韧性是促进城市可持续发展、统筹区域协同发展的有效途径。因此，越来越多的城市将韧性能力建设作为重要发展战略，其中也不乏纽约、伦敦、东京等具有全球影响力的世界级特大城市。

（一）伦敦：韧性城市战略的提出者

伦敦作为一个交通枢纽和世界城市，已有两千年左右的历史。虽历经瘟疫、地铁大火、大停电等灾难，伦敦如今仍是一个充满活力、多元的全球城市，韧性是其重要特征之一。

1. 制定韧性城市理念和战略

历经多重风险和灾难后，伦敦城市建设开始秉持韧性、安全的发展理念，并通过制定相关战略、政策等文件予以推行和实施。

2011年，伦敦以应对气候变化、提高市民生活质量为目标，制定适应性规划

《风险管理和韧性提升》，提出气候变化的趋势不可避免，应尽早采取适应性措施，以降低灾害风险，促进城市可持续发展。

2020年，伦敦正式发布《伦敦韧性战略》。作为伦敦首个以"韧性"为核心理念的城市发展战略，文件明确提出伦敦的城市治理之道：根据城市面临的重大挑战，从治理理念与机制着手，形成长期、高效的应对之策，提高城市自身的适应能力。这个文件不仅确立了伦敦的城市治理方向，也意味着伦敦基于"韧性"这一指导思想，形成了一套系统且具有实践指导意义的韧性城市发展战略。

为落实韧性战略，《伦敦规划2021》中提出：伦敦的城市建设中，要为所有建筑使用者提供安全、体面的紧急疏散通道，在所有设有电梯的开发项目中，至少有一部（或多部）电梯需配备恰当尺寸的消防疏散通道。规划还单独设置消防安全的章节，对开发方案的消防安全标准、消防方案、设施布局、疏散策略等提出具体要求。

2.采取周密完善的防灾应急措施

1987年伦敦地铁站大火造成31人死亡，大量人员受伤。此后，灾害预防一直是伦敦消防和应急策划局的工作重点。

2000年9月，伦敦消防和应急策划局公布社区火灾安全战略，构建政府、公众、个人和志愿者共同参与的联合防灾体系。伦敦消防和应急策划局在每个社区设立了消防站，几乎24h值班，能够随时提供多方位的救援措施，居民可随时进入消防站寻求帮助或咨询。各消防站还与专业救火、救灾队员建立起防灾教育体系，市政管理人员、消防安全专家、社区建设人员等共同参与消防站事务。

伦敦消防和应急策划局积极制定灾害处理细则和分类指导措施。2004年伦敦消防和应急策划局发表第一份《伦敦安全计划》，作为接下来一年城市灾害的处理细则。同年，伦敦消防和应急策划局根据火灾中身亡者老年人居多的特点（60岁以上人数占比2/3左右），为60岁以上公民设立了专门的火灾求助热线。热线开通一周内就有数千名老人及其亲朋好友，通过电话咨询老人防灾措施。与此同时，伦敦消防和应急策划局还建立了"青少年纵火者干预体系"，对青少年进行防火教育，解答他们有关火灾的疑问。该局在2004年内还进行了2.5万次居民家访，并对这些家庭的防灾能力进行了评估。他们还计划2005年之后，要在82%的伦敦家庭中安装火灾报警系统。

伦敦消防和应急策划局非常重视与其他机构的合作。火灾发生后，伦敦消防和应急策划局与伦敦地铁和铁路网络公司建立合作，以保证各机构在灾难发生时各自履行职责。同时,消防和应急策划局与负责医疗急救的国家健康服务相关机构签订协议,约定在遭遇火灾或其他受灾者因为情急错拨求救电话时,两机构通信能够自动转接到消防队,以提高应急救援速度。

作为世界上第三大消防机构,伦敦消防和应急策划局还利用先进技术协助救灾工作。伦敦消防和应急策划局曾承诺要使火灾数目、伤亡数目和虚假报警呼叫数量减少20%,缩短应急响应时间是关键因素,因此,伦敦消防和应急策划局通过与摩托罗拉等公司合作,采用最新技术实现目标。

凭借周密完善的措施和先进的技术手段,伦敦已经建立起一套完整的应对各种灾难事故的体系,时刻保卫着这座世界城市。

3. 通过雨水收集系统建设海绵城市

为解决日益严重的水资源短缺问题和提升伦敦等大城市的市政排水能力,英国积极建设海绵城市,最为突出的是积极鼓励在居民家中、社区和商业建筑设立雨水收集利用系统。通过可持续排水系统(SuDS)模仿自然过程,使雨水经储蓄后缓慢释放、促进下渗、过滤污染物、控制流速促进沉积物沉淀等方式,让城市水体承载力和贮存能力得以大幅提升。

家庭雨水收集方面,当前英国家用雨水收集系统多用于满足家庭灌溉、洗衣等非饮用水需要。家用雨水收集系统的建设多在居民家中设置1000~7500L的储水罐,雨水直接从屋顶进行收集,并通过雨水管简单过滤或通过更为复杂的自净过滤系统后导入地下储水罐储存。

同时,英国也大力推动大型市政和商业建筑的雨水利用,最为典型的是伦敦奥林匹克公园,这一占地225hm^2的公园灌溉用水完全来自于雨水和经过处理的中水。公园还将回收的雨水和中水供给周边居民,使周边街区用水量较其他类似街区下降了40%。

伦敦奥林匹克公园因2012年夏季奥运会而建,主要承担配套体育设施与活动枢纽功能。在伦敦奥林匹克公园的设计中,雨水利用是重要的设计环节。与通常做法(将地表径流收集进入排水沟,尽快送入地下管网,快速输离现场)不同,伦敦奥林匹克公园内主体建筑和林地在建设过程中建立了完善的雨水收集系统。通过回收雨水和废水再利用等方式,公园尽可能保留更多雨水在现场,以减缓雨水流失。

伦敦奥林匹克公园雨水收集系统包括植草沟、雨水花园、生物带、墙体绿化等。植草沟方面,公园通过收集地表径流进入植草沟,减缓水体在地表存留时间,一部分水体由于蒸发重回空气中,一部分雨水经过渗透补充到土壤中。植草沟被广泛采用到道路旁，以便道路雨水就近快速流入。植草沟中多种植植物，以更多更快地吸收保持雨水、减少流失，形成一个生态系统，保持了生物多样性。生物带方面，区别于其他公园，伦敦奥林匹克公园摒弃一马平川式的绿化，采用草地、林地和湿地从高到低循序渐进式的构造，不但有效减缓了雨水流失，形成生物带，同时也形成了一道亮丽的风景线。

在雨水收集利用系统的工艺流程上，无论家庭式还是公共建筑，大致包括屋顶、停车场、道路三大类雨水。三类雨水收集流程同异并存：屋顶雨水经管线进入收集池后，部分通过净化处理，部分通过溢流进入植草沟，再进入地下沟渠、调控水池，经净化后最终成为草地灌溉和周边居民用水。停车场雨水通过透水铺装进入地表径流，再进入植草沟，之后流向同屋顶雨水。道路雨水则经渗蓄系统，部分实现地下渗透，部分经溢流进行地下沟渠，之后亦同屋顶雨水最终成为草地灌溉和周边居民用水（图5-1）。

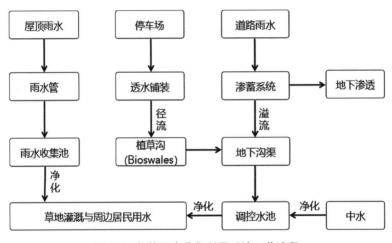

图 5-1　伦敦雨水收集利用系统工艺流程

（图片参考：景观资材网．国外海绵城市伦敦奥林匹克公园）

通过建立居民家庭和公共设施雨水收集系统，伦敦促进了雨水回收和废水再利用，大大降低了社会用水量，伦敦奥林匹克公园周边居民的每天人均用水量下降至105L，远低于地区平均水平144L。

（二）东京：国土强韧化的全面贯彻落实

日本是一个极易遭受包括地震、台风、海啸、火山爆发等多种自然灾害侵袭的国家。在和各种自然灾害斗争和共生的漫长历史中，日本政府、社会和民众逐渐培养了适应灾害和通过灾害学习的能力。

1. 构建不断迭代的韧性制度体系

第二次世界大战后，日本发生了三次大规模灾害，伊势湾台风、阪神大地震和311大地震。基于这三次灾害的经验教训，日本政府发行了防灾1.0，并做了2.0和3.0的升级。2016年6月，日本内阁公布了一项防灾专家们的提案《防灾4.0——未来防灾体系构想》。随着不同防灾措施版本的出台，日本的防灾体系也在不断升级。

防灾1.0版本，建立制度体系，构建了日本防灾体系的基础。1959年，造成5098人死亡失踪的伊势湾特大台风的教训直接促成了1961年《灾害对策基本法》的出台。1963年，日本公布了全国《防灾基本规划》。此版本一直用到阪神大地震，共使用了30多年。

防灾2.0版本，新增灾害应急功能，提高应急救援能力。1995年，在造成6434人死亡的阪神大地震之后，日本科学文部省重新调整了各大中小学校的防灾教育制度，教育儿童、学生遇到火灾、地震、洪水等灾害时的避难路径和自救知识。同时，日本政府针对救灾协调调度不力的缺陷，日本中央防灾机构修改了《内阁法》和《灾害对策基本法》，制定出台《地震防灾对策特别措施法》《建筑物抗震加固促进相关法律》，推进建筑的耐震化改造，探讨高密度城市街区应对地震灾害的对策，建立自救、政府援助和社会救助等三位一体的救助体系。

防灾3.0版本，新增韧性城市和减灾理念，完善韧性制度体系。2011年，造成18521人死亡失踪的311日本东北地区大地震和海啸为日本社会带来了防灾减灾理念的转变：仅基于"防护"理念、以基础设施整备为中心的对策，不足以有效减轻灾后经济损失和人员伤亡。为最大限度地保护国民生命安全，避免国家和社会重要职能失效，需要思考如何整合现有行政资源和技术手段，加强韧性城市建设，在防灾体系里导入"减灾"对策，构建能够迅速从灾害中恢复的"刚柔并济"的国土和经济社会。在有识之士的大力推动下，2013年12月，日本颁布了《国土强韧化基本法》（以下简称《基本法》），成为推动国土强韧化的法律基础。《基本法》以法律形式规定了国土强韧化基本计划和地域计划的编制内容及流程，为强韧化计划的制定、推进和多方协调构建了组织保障。除《基本法》外，日本的国土强韧化组成中还有各级各类的基本计划，包括全国层面的"国土强韧化基本计划""国土强韧化年度计划""国土强韧化行动计划"和地区层面的"地域强韧化计划"。截至2020年5月，日本所有都道府县以及424个市区町村都制定了地域强韧化计划。

防灾4.0版本，提高风险预警、防控能力，提升城市管理韧性。对于防灾设施和建筑，在巨大地震、海啸来袭时，仍然无法做到能够完全抵御。所以，日本提出通过研发灾害预警报系统、模拟灾害过程、进行风险评估、建设避难场所、加强灾害知识科普等对策，力图适度减轻灾害造成的损失。对个人而言，则需自助、共助。通过熟知本人和家人生活、交通、工作所在地的环境、灾害风险、避难场所和避难路径，积极参与各种防灾避难训练，关注与灾害相关的最新信息，特别是地震、海啸等突发灾害的预测与评估信息等方式，建立防灾减灾对策，将灾难损害降低到最小程度。

2.建设排水系统等灾害防御工程

伴随韧性制度体系的不断完善，日本在城市工程韧性方面也在不断强化，尤其注重洪涝等灾害防御工程的建设。20世纪50、60年代的日本常因为下水道系统的孱弱饱受洪涝之苦。从1992年，日本开始大兴土木，斥资2400亿日元，耗用14年时间，建起了世界上最大、最先进的地下排水系统——首都圈外郭放水路（G-Cans计划，图5-2）。排水系统建好后，日本暴雨季节受洪灾影响的房屋从过去的41544家减少到245家，浸水面积也从27840hm^2减少到65hm^2，对日本琦玉县、东京东部首都圈的防洪泄洪起到极大作用。

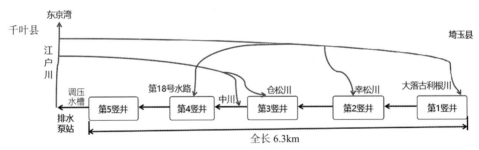

图 5-2　首都圈外郭放水路示意图

[图片参考：钟巧巧，袁红，邓海，等.日本地下空间防洪排涝设计方法综述[J].隧道建设（中英文），2023，43（2）：217.]

整个排水系统位于日本琦玉县，连接东京市内长达15700km的城市下水道。系统地处地下50m深处，是一条总长6300m、直径10.6m的巨型隧道。排水过程使用计算机遥控，并在中央控制室进行全程监控。排水系统是通过5个约70m深、直径约30m的立坑连通地面的河流、河沟。一旦洪水来袭，前4个立坑里导入的洪水通过下水道流入最后一个立坑，当立坑中的水储存到一定程度就会排到调压水槽（一个由59根高18m、重500t的大柱子撑起的长177m、宽78m的巨大蓄水池），调压水槽储存一定的水量后，再通过4台大功率的抽水泵，将水以200m³/s的速度排入日本一级河流——江户川，最终汇入东京湾。因为过程中调压水槽的水储存到一定量才会被排出去，所以排水系统同时兼具储水功能，一旦旱灾来袭便成为调节水量的空间。

3. 提供疏散救援避难的空间保障

第一，构建分级分类避难疏散场所体系。东京避难疏散空间按国家标准分为广域避难场地、临时集合场所和避难所三个层级。其中，广域避难场地为都级，避难所、临时逗留和集合场所为市町村级。根据不同区域城市建筑和设施的建造年代、性能和防灾能力的不同，东京设定了不同的避难疏散空间使用策略。针对中央区等现代高层建筑集中、间距大、临时集合场地多、抗震防灾延烧能力较好的地区，不再设置和指定大规模集中避难所，只需停留在原区域保持秩序，即"地区内停留地区"。同时，东京通过调查城市既有空间资源，结合灾后经验和地理行为学等方法，使得城市大部分场所均发挥有效的避难疏散功能，不断完善防灾规划中的市民避难场所体系设计。

第二，设置防救灾紧急运输通道和网络。东京在防灾都市建设计划中设定了用于灾时和灾后救援力量输送、应灾物资和医疗救援输送的紧急运输道路网络，全长约2060km。根据灾时功能，紧急运输道路分为三级。其中，第一级紧急运输道路主要包括高速、国道等高等级道路及联系应急救灾指挥中枢、各部厅、地区防灾应急据点、机场、港口和货运集散枢纽等的重要道路。第二级紧急运输道路是联系第一级道路和自卫队、警察、消防、医疗、广播等主要应急救援、应灾生命线机关的道路，包括直升机临时应灾起降场地等路线。第三级紧急运输道路是联系运输车辆停靠转运站、应急物资运输据点、储备仓库、市町村物资储备运输据点等的道路。

第三，设置火灾延烧遮断带和都市整备空间。为避免大规模城市火灾蔓延和地震次生火灾，东京沿城市水系和主要道路划定了火灾延烧遮断带，并根据重要程度设置城市防灾轴线、主要延烧遮断带、一般延烧遮断带三个层次（图5-3），成为兼具火灾阻断功能和避灾撤离疏散功能的重要城市生命线网络空间。其中，城市防灾轴线主要依托东京市内各河流水系和主要干线路网，作为不同区域间阻断火灾蔓延的最重要空间条带，同时也是应急疏散和紧急救援的生命线通道。主要延烧遮断带由城市主干路和连接干线间的重要支路组成，是社区、居住区之间的防烧隔离通道。一般延烧遮断带是社区防灾生活圈周边的各类城市道路，两侧建筑物必须达到一定的不燃率指标。此外，东京还设置了都市整备空间。在城市木结构住宅建筑密

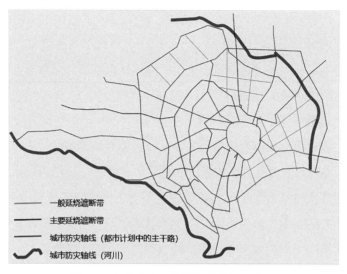

图 5-3　东京火灾延烧遮断带空间示意图

[图片参考：翟国方，钟光淳，陈寿松，等.日本韧性城市建设经验[EB/OL].[2021-12-21].全球汇专栏|城市如何"韧性"（三）日本韧性城市建设经验（qq.com）]

集区实施修复、改造等项目，提升社区建筑不燃率和防延烧率，并作为城市防震和防火的重点监测区域。

东京都市整备空间（木质建筑集中社区整备所）示意如图5-4所示。

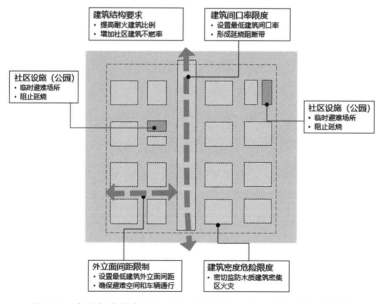

图 5-4　东京都市整备空间（木质建筑集中社区整备所）示意图

[图片参考：翟国方，钟光淳，陈寿松，等.日本韧性城市建设经验[EB/OL].[2021-12-21].全球汇专栏|城市如何"韧性"（三）日本韧性城市建设经验（qq.com）]

(三)纽约:灾后韧性城市建设的典范

作为一个沿海城市,纽约历史上多次受到飓风的袭击,特别是2012年"桑迪"飓风影响了13个州,造成纽约48人死亡和超过650亿美元的经济损失,是美国历史上损失最惨重的自然灾害之一。自此以后,纽约把韧性城市建设作为长期持续的工程,从制度体系、灾后重建、生命线工程等多方面让各个系统协同推进,有针对性地提出较为完整的韧性城市建设思路。

1.建立并完善城市韧性制度体系

基于应对"桑迪"特大风灾的经验教训,2012年11月纽约市出台《纽约适应计划》,旨在提高城市整体对未来气候变化的适应能力。同时,纽约还面临着暴雨、干旱、热浪等气候威胁,随着年度降雨量的增加、气温的上升、海平面的升高,这些都将会加剧城市面临的气候灾害。因此,2013年6月,纽约市颁布《一个更强大、更具韧性的纽约》规划,提出一个长达十年的韧性城市建设项目清单。

2014年,纽约又发布《一座城市,一起重建》报告,强化和扩大韧性城市的建设内容。报告还提出设立韧性城市建设办公室,负责执行关键项目的实施和评估工作,以及推动韧性城市建设相关新政策的制定和项目的持续实践。

2015年,纽约发布更新、更全面的气候韧性建设计划,即《"一个纽约"规划:建设一个富强而公正的纽约》,继续实施韧性城市建设。在基础设施韧性方面,纽约通过加强应急准备、制定各领域的专项规划和政策文件、调整区域基础设施系统、强化海防线、为重要的沿海保护项目吸引新资金等,大力推动韧性城市建设。

2.灾后建设弹性水岸公园等工程

面对气候变化和自然灾害威胁,结合历史上纽约水岸的建设与变迁,纽约市提出气候变化背景下建设弹性水岸公园的防洪策略。即:在特殊地段,有针对性地开展弹性水岸公园、海岸带生态修复等建设项目,如纽约布鲁克林大桥公园,灾前灾后均提出一系列多功能一体化的弹性水岸策略,保护了生态系统和自然缓冲区,也减轻了城市遭受洪水和其他灾害的可能,即使在"桑迪"飓风中也未受到严重破坏。

第一,抬高公园地形。根据纽约百年洪泛区地图,公园建设时,整体地形被抬高,植物根系的种植高度提高到2.4m以上,码头甚至被抬高9.1m。同时,公园采用分层布置的设计手法,电力设施、道路、亲水平台等被设置在不同的洪泛区。另外,多重的土丘系统也能起到缓解波浪冲击的作用。

第二，选取适宜植被进行防洪固岸。布鲁克林大桥公园选择当地耐盐碱的植物，种植土壤也偏砂质，以利于盐分的快速排出。植物的选择也倾向可助力岸线巩固的类型，如西部码头的盐沼湿地利用了曾在美国东南海岸繁盛的互花米，很好地起到了减缓波浪冲击的作用。灾后，公园采取了一系列措施来恢复植被。公园维护人员通过灌溉系统来冲刷土壤，以降低盐分，同时临时引入洒水车来增加灌溉量。

第三，采取抛石驳岸。为抵御低洼场地每日面临的潮汐压力，防范东河随时可能发生的雨后洪水，公园采取抛石驳岸的设计。与传统的垂直驳岸相比，抛石驳岸碎石间的缝隙可允许海水通过，多层的碎石以几何级数的增长方式快速吸收海水直接的冲击力，在"桑迪"飓风中发挥了巨大的缓冲作用。

第四，对设施进行针对性改造。在"桑迪"飓风发生后，公园低处的电力设施被淹，照明系统也出现故障。灾后，公园吸取教训，将电力设施移动到高处，同时拓展太阳能照明。另外一些重要设施，如旋转木马，通过安装水围栏装置来确保其免遭洪水淹没。同时，公园建有一套先进的雨洪管理系统，平时公园70%的灌溉都来自雨水的收集和公园用水的回收利用。公园地上的泄洪渠和地下的滞留过滤系统能快速有效地排除地面积水并进行过滤，这个系统在"桑迪"飓风中起到了很好的泄洪作用。

3. 提升城市生命线工程保障能力

"桑迪"飓风之后，美国在能源供应的保障方面也大力推行改进措施。仅爱迪生联合电气公司就在灾后5年内耗资10亿美元，对纽约市的电力、燃气、蒸汽等能源供应设施进行改造，确保能源供应，提升城市韧性，主要措施包括以下几方面：第一，在电力架空系统上安装3500个隔离设备，以解决由于树木、大风或大雪导致供电线路破坏的问题，避免电网服务再次因突发灾害中断。第二，重新设计了曼哈顿下城的两套地下电网。防止当洪水泛滥，运营商不得不关闭设备电源时，仍然不影响内陆居民和企事业单位的用电。第三，在地下管道中安装3500多个膨胀泡沫密封件，并在变电站和蒸汽发生站中安装270个水密防洪门，防止因洪水进入管道和变电站而导致电力、蒸汽等能源供应的中断。

同时，美国还建立了燃气调峰储备体系和健全的管理运营机制。一是建立大规模的储气库。自1916年首次在纽约利用枯竭气田建成第一座储气库以来，到2015年美国已建成地下储气库413座。其中，枯竭油气藏型、盐穴型和含水层型储气库分别为328座、39座、46座，总储气能力达2613亿m^3，形成有效工作气量1357亿m^3，占2015年美国天然气消费量的17.4%。二是利用油气田富余产能进行调峰。在20世纪80年代，美国天然气放开管制之前，储气库作为输配气管网的组成部分，与管道系统形成相互关联的整体。到20世纪80年代后期，美国天然气市场供过于求，竞争趋于激烈。1992年，联邦能源监管委员会要求除维持管道系统正常运营和平衡负荷而预留的气量外，储气库富余的工作气量必须向第三方开放。目前，美国的储气库运营公司大致分为州际管道公司、州内管道公司、城市燃气公司和120家独立的储气库运营商4类。其中，长输管道公司主要依靠储气库来平衡长输管道负荷，州际管道公司预留一部分储气能力用于管道调峰，一些城市燃气公司也通过合理运营储气库，在满足终端用户供气之余，将剩余储气能力出租给第三方获利。三是构建相关配套法律法规体系。为确保储气库建设规范，在储气库建设之初，美国政府部门就十分注重相关的能源利用、经济评价、安全环保等方面法律法规体系的建设，如已通过的《天然气法》《能源政策法》《清洁空气法案》等。同时，严格控制储气费率，既激励各类资本投入储气调峰设施建设，又防止行业垄断，促进市场竞争，大大降低终端用户的用气价格。通过以上调峰储备措施，目前美国调峰储气库的有效工作气量已达到全年总用气量的15%以上，确保了国家天然气供应的安全性、可靠性和连续性。

二、韧性城市建设的国际经验与启示

当下，全球进入气候变暖和经济衰退时代，提升城市韧性已成为特大城市应对不确定性与社会经济生态挑战的共同策略。从以上国际韧性城市的建设中，我们不难发现它们之间存在一些共同特征，为首都的韧性城市建设提供了很好的参考和启示。

（一）建立韧性制度体系

法律法规及规章政策是韧性城市建设的有力保障。从伦敦、东京、纽约的发展历程中可以看到，这些世界城市在历经重大灾难后，都形成韧性城市的发展理念，并在之后的发展中，贯穿于城市规划设计、韧性工程建设、城市管理运营和灾后重建的全过程。要建设强大稳健的韧性城市，需要提高城市对风险和灾害的适应性和恢复力，升级城市管理的韧性和包容度。同时，韧性城市建设应将韧性理念贯穿事前、事中、事后的全过程，在国家法律法规的框架体系下，修订及制定韧性城市发展相关的地方性法规和政府规章，完善韧性城市规划指标体系，构建韧性城市标准体系，完善应急预案体系，对韧性城市建设提供制度保障。

（二）重视灾害防御工程建设

在灾难面前，城市防灾基础设施、生命防护工程等灾害防御工程是城市安全的最后一道屏障。这些工程像城市的血管和神经，是维系城市功能正常运转的基础，其相互关联性、自身可靠性和灾害适应性构成了城市的韧性。伦敦、东京等世界城市都通过建立强大的地下排水系统等灾害防御工程，为城市解决了防洪排涝问题。韧性城市的建设需结合现有给水排水、电力供应等城市设施的系统升级改造，提升洪涝、地质灾害等防御工程标准，增强灾害防御功能。同时，通过病险水库、水闸除险加固，统筹防灾需求和交通、休闲绿道建设等构建防洪工程体系，提高灾害防御水平。

（三）强化城市生命线工程保障能力

重大灾害发生后，重要能源和物资保障是抢险救灾的关键。在城市高度依赖电力、电信、燃气等能源设施和物流供应链的今天，应急保障能力变得更加重要。纽约通过建立削峰填谷的调峰储备体系等，有效解决了灾后燃气能源的供应保障问题。韧性城市的建设中，应加强平急两用和削峰调蓄设施的设计和应用，加强应急备用水源工程建设，完善应急电源、热源调度和热、电、气联调联供机制，提高资源能源的保障能力。同时，应加强城市生命线工程的建设、运营和维护，开展管网更新改造，提升智能化管理水平，增强供水、供电、供气、供热、物流等城市生命线工程的保障能力。

（四）注重疏散救援避难的空间保障

疏散救援避难空间可以在灾害发生时为灾民提供短期庇护和基本生活空间，同时可提供人员疏散转移、安置避险、队伍驻扎、医疗救治、应急救援和物资储备等空间保障，如东京的疏散救援避难空间有效提高了灾难应对能力，韧性城市的建设也需提升疏散救援避难空间的保障水平，需统筹森林防火道路与防火隔离带建设，统筹公交专线、城市应急通道和应急空中廊道，统筹应急避难场所选址和建设等。同时，应建立应急避难场所社会化储备机制，强化大型体育场馆等公共建筑平战功能转换，建设平战功能兼备的酒店型应急避难场所，预留相关功能接口，满足室内应急避难和疫情防控需求等，提高应急避难空间保障水平。

(五)运用智能工具提升城市管理韧性

韧性城市的建设过程中,离不开智能化、信息化工具和设施设备的应用,如日本东京都市圈的智能化排水系统实现了全程监控。韧性城市的建设需要首先对城市风险防控和隐患排查治理体系进行全面普查,建立一套完整的城市风险台账,作为城市风险评估和韧性提升的重要数据基础。此外,还需在大数据平台基础上,完善综合减灾与风险预测管理信息平台,推动公共安全风险管理信息平台与城市应急指挥平台的互联互通,借助信息和智能化工具提升城市的应急处置和自愈能力。

智慧城市建设案例与经验

根据联合国《2019年世界人口展望》报告,世界人口已经从1950年的25亿增长到2019年的77亿,在未来30年将再增加20亿人,即到2050年将达到97亿人,届时将有68.4%的世界人口生活在城市,全球城市化进程正以不可阻挡之势向前推进。在此背景下,城市发展面临着巨大压力,交通拥堵、环境恶化、资源浪费等诸多城市问题日益凸显,对城市基础设施的承载能力和服务品质都提出了更高的要求。随着物联网、云计算、5G、人工智能等新一代信息技术的深入应用,城市的治理和管理更加精准和高效,智慧城市正在成为解决城市经济、社会、环境等问题的最佳方案。

一、智慧城市建设经验案例

目前,全球大多数国家都在积极投身于智慧城市建设,且各地智慧城市发展各具特色,在全球范围内,智慧城市正在成为未来可持续发展的先驱力量,伦敦、首尔、阿姆斯特丹、新加坡等城市纷纷开始寻找开展智慧城市行动的机会,保持其在国际城市排名中的突出地位。基础设施作为城市发展的支撑和保障,成为各个城市智慧城市建设的重点领域,以确保城市拥有一个宜居的未来。

(一)伦敦:共创智慧伦敦

伦敦是有着两千多年悠久历史的古老城市,同时也是一座"智慧"之城。2017年,在英国智慧城市指数预测报告中,伦敦被评为英国智慧城市的"领跑者",在2018年的"IESE城市动态指数"排行榜中,伦敦荣获"全球最佳智慧城市"称号,是公认的全球最佳智慧城市。为建设智慧城市,伦敦市政府于2018年6月提出《共创智慧伦敦路径图》,激励数据创新和发展电子科技来为伦敦市民更好地服务,将伦敦打造成为全球最智慧的城市。在该项计划的指导下,伦敦在基础设施的各个领域开展了一系列智慧应用。

1.搭建基础设施数字化平台

伦敦提出数据是新的城市基础设施,要利用数字技术的优势,保持伦敦作为世界城市的地位。伦敦政府通过建立城市网络数据中心,促进全市交通、安全等跨部门跨行政区数据的整合与共享,在此基础上,统一平台,构建独立一站式数据开放平台——"伦敦数据仓库"。作为一个国际公认领先的开放数据资源,拥有700多个数据集,为应对城市挑战和改善公共服务提供可用的数据资源。此外,伦敦还建立了政府综合数据平台,提供数据标准、工具和方法,为政府数据的安全存储和大范围汇聚提供可靠的数据基础设施,并帮助决策者使用实时数据和分析工具进行政策制定和提供优质公共服务。

伦敦创建了专门针对市民服务的城市交通运输平台,支撑交通出行决策。用户可以通过该平台租用自行车、乘坐缆车旅行、支付交通费用等。除了通勤便利的数字化支持外,更为重要的是,伦敦市交通局实际是利用了对城市各种道路规划、交通工具数据的掌握与分析,从而实现了为每一位市民的特定出行需求来定制私人出行行程路线。

伦敦高度重视基础设施相关数据的跨系统整合,例如,《智慧伦敦规划》提出建设城市基础设施3D数据库,包括地上基础设施和地下管网的数据,允许数据集相互关联,形成关联数据,并基于应用程序使城市数据可视化。此外,通过对不同市政公司基础设施数据的整合和公开,提高了市政工程建设的效率,避免了不同市政公司在同一地点重复开挖的情况。该项目首先在伊丽莎白女王奥林匹克公园试点,未来将实现实时更新并对外开放,工程规划师、市政公司、投资者、市民等可以将其应用于交通分析、城市规划等用途,令数据释放出最大价值,提高城市基础设施运行效率。

2.加强数字技术与城市基础设施融合发展

伦敦提出要建设"世界一流的连接",并推出了多项行动计划,以加强数字基础设施建设,提高城市治理水平。例如,在信息基础设施建设方面,实施伦敦连接计划,消除无网络覆盖区域,并为5G网络的应用做好准备,通过规划手段,要求新开发项目提供光纤连接到所有家庭并满足移动连接的预期需求。在交通运输方面,开发敏捷的物流项目,帮助商家共享物流负载,优化货车出行时间和行车路线,以减少物流耗能和环境污染。在资源保障方面,安装智能电表和智能水表,减少资源损耗,引导合理消费。在相关政策保障方面,制定智慧基础设施的通用标准,便于设计师、工程师和用户共享性能数据,以实现设计、建设、管理的协同等。

在1995年伦敦M25高速公路成功引入可变限速技术的基础上,伦敦环城路沿线规划了大量的可变限速系统,搭建智慧高速公路网。每条车道上方都有单独的可变交通标志,由交通流检测传感器自动触发启用,可以显示10英里/h(40英里/h、50英里/h、60英里/h、70英里/h)的强制性限速值,最外侧车道的可变交通标志上方,有一块可变信息屏显示补充的文字信息,如显示旅行时间、排队信息或临时开放硬路肩等。在可变限速系统的开始和结束处,还可以放置静态标志,提示驾驶员即将驶入或驶出该路段,从而让驾驶员在该路段内保持注意力,保持规定速度。该系统旨在和谐交通流,减少拥堵,尽量减少事故发生和伤亡,并减少CO_2排放。相关统计数据显示,该系统有效应对了自2000年以来23%的增长交通量,最繁忙的高速公路通行能力提高了1/3。高速公路可变限速标志及硬路肩使用要求提示如图6-1和图6-2所示。

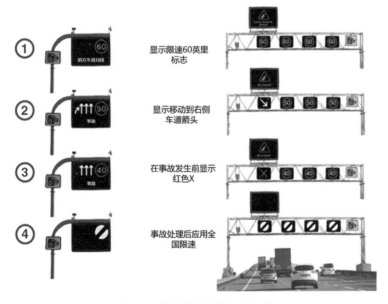

图 6-1　高速公路可变限速标志

(图片参考来源:Department for Transport. Smart Motorway Safety Evidence Stocktake and Action Plan. 2020)

数字化技术在伦敦市垃圾处理方面也得到了广泛应用,目前伦敦金融城已经设置遍布全市的带有液晶显示屏的数字化垃圾回收箱,所有垃圾回收箱与Wi-Fi相

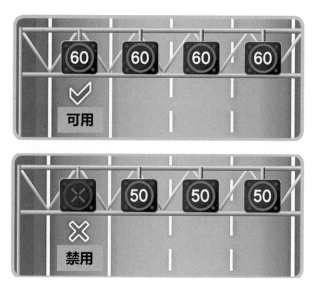

图 6-2　高速公路硬路肩使用要求提示

（图片参考来源：Department for Transport. Smart Motorway Safety Evidence Stocktake and Action Plan. 2020）

连，通过无线信号可以指示居民对垃圾处理分类，同时可以收取天气、气温、时间以及股市行情动态等信息。此外，该类数字化垃圾回收箱还能有效防止恐怖袭击，在一定程度上确保了城市管理有序进行和居民人身安全。

3. 强调公众参与，增强智慧体验

2017年，科技公司帕维根在伦敦西区推出了全球首条"智慧街"，利用公司开发的独特动力铺路板，107平方英尺（约9.94m²）的人行道沿Bird Street设置，系统使用电磁感应发电机产生能量——当瓷砖因人体体重而被往下推，旋转的储能飞轮将动能传递转换为电能，从而从行人的脚步中收集产生能量。然后，此能量可以用于为附近路灯、蓝牙发送器，以及发出鸟叫声创造舒缓环境的隐藏扬声器供电。此外，伦敦智慧街项目配置了应用程序，民众可下载智慧街专属APP来查看步数并精确地了解他们所产生的能量信息，并以之换取发电奖励，如周边商店的折扣优惠等，鼓励人们积极使用智慧街。

英国Direct Line公司和Umbrellium公司在伦敦研发了全世界第一条智能人行横道，可自动区分车辆、行人和骑行者，实时调整信号灯和路面标记以满足使用需求，确保为行人提供更安全的穿行体验。智能人行横道，是一段长22m、宽7.5m的交互响应路面，利用计算机视觉技术，可以准确地"看到"周围发生了什么，LED路面自动地根据实时情况改变其标记以保证行人安全，无需手动输入指令。它可以预判行人的穿越路线和他们的视线范围，从而主动降低穿行危险。此外，用动态变化的LED路面来吸引"低头族"的注意力，迫使他们"抬头"过马路，注意安全，这也将为时代背景下的"低头一代"创造更安全的交通出行环境。

（二）首尔：引领数字化智慧城市建设

韩国作为亚洲最早起步建设智慧城市的国家之一，目前已经取得显著进展，成为首个东南亚国家联合（ASEAN）推进中的智慧城市项目工程的示范项目，并以首尔的智慧城市建设为代表。首尔被公认拥有世界一流的信息通信技术（ICT）基础设施，包括高速互联网、公共网络以及其他各种各样的功能。2022年，在巴塞罗那举行的"2022全球智慧城市大会"上，首尔在最高奖"城市"领域摘得最优秀城市奖桂冠。发展至今，首尔的智慧城市建设已迈入以数字化为主要特征的第五阶段，以引领数字化转型的未来智慧标准城市建设为发展愿景（图6-3），以打造世界最高等级智慧城市基础设施为首要战略任务，强调要确保首尔在高度互联的数字时代的全球领先地位，并改善和提升市民福祉。

图6-3　首尔智慧城市愿景体系图

（图片参考来源：https://chinese.seoul.go.kr/）

1.加强数字基础设施平台应用

首尔采用云计算、物联网、人工智能、区块链等数字技术，为市长建立了智慧城市平台——"数字市长办公室"。作为首尔政府提供公共数据的开放广场，"数字市民市长室"有三个核心功能：第一，实时了解火灾、灾难、事故的发生，不去现场也可进行控制并下达指示，提高应对效率；第二，在同一个画面上，可同时监管大气质量、上水质量、物价信息等与市民生活息息相关的城市信息；第三，利用数字市民市长室，不去现场也可以接收首尔城市建设主要项目的报告。该平台使决策者可以实时查看城市中发生的一切，并直接与现场人员进行沟通，向市民提供与市长实时交通、城市灾难和空气质量的相同信息。目前，首尔政府已将平台公开部署到其移动网站和地铁站中的数字信息亭。

首尔积极推进"首尔交通信息广场"项目，整合分散于各个领域的交通及相关数据，提供交通及相关数据的一站式服务，实现交通数据的开放、共享和实时使用。"首尔交通信息广场"是以交通数据为中心的大数据平台，负责综合管理交通及相关数据，主要内容包括构建大数据平台、首尔交通大数据共享门户网站服务、交通政策决定支援服务和交通影响评价数据库等。为此，首尔在构建首尔交通大数据平台的同时，构建开放数据平台性质的"首尔交通大数据共享门户"网站服务，方便提供大数据一站式服务；构建"交通政策决定支援"服务，方便使用交通大数据，以及融合、复合、分析数据；构建"交通影响评价数据库"，方便共享交通影响评价表和调查资料。

2. 物联网建设驱动城市基础设施发展

智慧首尔网络（S-NeT）作为首尔构建的自用有线、无线光通信网，是可以向首尔公共生活圈全境提供公共WiFi等多种智慧城市服务的通信基础设施。截至2022年4月，首尔为开展行政业务、官网、监控摄像头服务，正在运营连接市和25个自治区的超高速信息通信网（421km），构建并运营连接各自治区和洞居民中心的行政网、监控摄像头网（4627km）等共计5048km的自用通信网。另外，首尔还在主要街道、传统市场、公园、河流、广场、福利设施、公共办公楼、公交车站等处共安装28006台公共WiFi，全面保障市民通信基本权利。通过智慧首尔网络，将分散的各机构通信网进行整合并综合运营，提高行政效率，节省租赁网通信费等预算，同时，有助于解决众多城市问题，也是打造首尔未来智慧城市的基础。

智能杆作为连接市民和城市的智能基础设施，以多种形态被安装在首尔市各处城市基础设施（信号灯杆、路灯杆、监控摄像头杆、治安灯杆）上，并应用公共WiFi、物联网、智能型监控摄像头、充电、自动驾驶等各种智慧城市ICT技术，实现通过照度传感器智能调整照明亮度，提供智能步行安全功能，提供智能手机无线充电、电动自行车充电、电动汽车充电等功能，是提高城市竞争力，帮助市民过上更加安全、舒适生活的市民切身感受型城市基础设施。

首尔借助物联网技术引入"共享停车系统"，城市中设置的物联网（IoT）传感器可实时掌握是否有停车车辆，市民可通过智能手机应用程序一站式完成对停车位的确认、预约、付款等，以缓解根深蒂固的停车难问题。此外，"电动汽车充电区监控"服务能够通过物联网（IoT）停车传感器识别进入停车区域的车牌号码，并在环境部车牌号码查询系统确认是否为电动汽车，向不是电动汽车的车辆发出违规停车警告，传感器将发出"这里是电动汽车充电区，请将车辆停至其他区域"的语音提示并亮起警灯，警告普通车辆不得违规停车。

3.大数据助力智慧交通发展

首尔通过先进的智慧交通管控平台TOPIS，提供面向乘客体验的全方位智慧公交解决方案，大幅改善公交运营管理和乘客信息服务。面向运营，首尔为公交车安装了智能GPS调度系统，自动测算当前车辆距离前车、后车的运行间隔，指导司机调整行车节奏、防止串车。面向乘客，首尔公交车站不仅设有实时到站信息显示屏，公交部门还将车辆拥挤信息纳入显示屏，包括红、黄、绿3级满载率等级，引导乘客选择满载率较低的车次，均衡客流、提高舒适度。

截至2023年7月，首尔已经在上岩、江南、清溪川、青瓦台和汝矣岛等五个地区试点自动驾驶公交车服务（图6-4）。想要乘坐自动驾驶公交车的市民只要安

图6-4 首尔自动驾驶公交车车辆照片

装首尔自动驾驶汽车专用智能手机应用程序（TAP！）即可。自动驾驶公交车通过安装在车上的多个摄像头和雷达传感器来对周围环境做到实时感知，另外，首尔在自动驾驶公交车途经的道路上安装了交通信号开放装置基础设施，可以通过5G商用通信提供交通信号灯颜色和交通信号灯颜色变换剩余时间等信息，保障自动驾驶公交车安全通行。

试点修建智能交叉路，计算出最佳信号灯配时，解决交通拥堵问题。2023年，首尔市区出现集大数据、深度学习影像信息、用于自动驾驶技术的激光雷达等科学技术于一体的先进交叉路。芦原区花郎路泰陵一带因经常发生交通拥堵且交通需求持续增加而被选为首尔地区智能交叉路首个试点地段。基于提取自交叉路的各种信息（交通量、速度、突发状况等）的大数据，计算出最佳信号灯配时并实时控制信号灯亮灯时间，从而提高交叉路的使用效率，有效改善车辆拥堵，疏导车流（图6-5）。

图6-5 智能交叉路概念图

"S-Map"是一种数字空间地图，以3D地图的形式显示首尔全市地面情况，可结合地图信息解决多种交通问题（图6-6）。"S-Map"提供首尔全市14000多个"小胡同"的街景，包括车辆难以进入的狭窄胡同、传统市场、有台阶的道路等。通过"S-Map"，使用者可以用手机轻松查看胡同等地点的周边交通状况，事先确认障碍路段，规划最佳路线等，可以为轮椅、婴儿车使用者等不便步行的群体提供出行方便，还可以方便消防员在发生紧急情况或火灾时，根据街景图迅速采取应对措施。

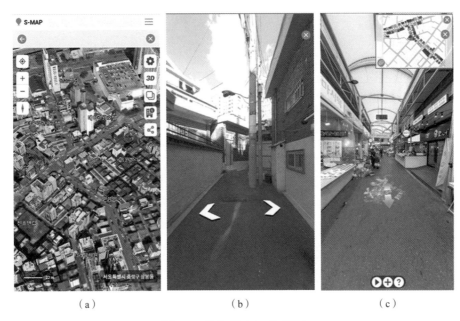

(a)   (b)   (c)

图 6-6 首尔 "S-Map" 界面

（三）阿姆斯特丹：建设智慧城市平台

荷兰阿姆斯特丹是首个提出智慧城市战略的城市。2013年，阿姆斯特丹经济委员会启动由政府、企业、市民和研究机构多主体组成的阿姆斯特丹智慧城市平台（ASCP）。智慧平台在设计上更类似于一个社群平台，其优势是创造有归属感的虚拟社区，提高用户的参与度。经过智慧城市建设的多次迭代，阿姆斯特丹从最初的概念化阶段，到目前拥有一个"自下而上"蓬勃发展的智慧城市平台，平台发展目标日益多元化。智慧城市平台也从永续生活、永续工作、永续行动和永续公共空间四大发展方向扩展到数字城市领域、能源领域、城市交通领域、市民与生活领域、循环经济领域、治理与教育领域六大智慧领域，通过各种创新项目的推广应用，不断促进整个阿姆斯特丹大都市地区的智慧转型，其中基础设施方面的智慧化发展最为典型。

1.创新智慧能源供给系统

在阿姆斯特丹，城市越来越多地投资于可再生能源生产和电动汽车充电基础设施。然而，目前能源生产、能源利用、储能和电动汽车充电工作的控制系统是相互分离的，由于能源效率低下，导致了高成本和CO_2排放。CleanMobileEnergy作为一种集成可再生能源和电动汽车的智慧能源管理系统，通过一个独特的智慧能源管理系统（iEMS）整合各种可再生能源、存储设备、电动汽车和能源消耗优化，并通过基于数据流和分析工具的开放标准的互操作性来确保智能集成。CleanMobileEnergy 使得可再生能源在阿姆斯特丹当地使用成为可能，电动汽车可以最优价格使用 100% 可再生能源充电，只有当电能价格较低或没有可再生能源时才需要来自电网的电能。该系统在增加可再生能源的经济价值的同时，显著减少了 CO_2 排放。

阿姆斯特丹采用智慧电网系统，该系统能够持续监测电流和电压的强度，提供更精确的监控功能，存储可持续能源并根据需求完成电力分配。阿姆斯特丹西部新区被荷兰政府选为第一个建设智慧电网的地区，目前西部新区 4 万户居民中约有 1 万户已接入智慧电网，并通过 IT 技术与传感技术与重要的连接点相连，同时也通过智慧电表与住户相关联。智慧电网的安装使得远程控制电网成为可能，并且可以选择性地为关键地区提供更多电量，网络结构也得到改善。此外，智慧电网的安装还有利于能量的节约，有助于实现西部新区的可持续发展。阿姆斯特丹 Nieuw-West 虚拟发电厂如图 6-7 所示。

图 6-7　阿姆斯特丹 Nieuw-West 虚拟发电厂

（图片参考来源：https：//mp.weixin.qq.com/s/n_qgeKBec8gyOHY8VFM9gw）

2. 运用信息技术提高交通出行效率

客运方面，阿姆斯特丹推出车辆共享平台（WeGo Car sharing）。WeGo 不仅为居民间车辆的租用提供了共享的平台，也开放了可以为企业节省车辆消费的商业平台，而且为计划提供持续性交通租赁业务的企业提供了便利。WeGo 的车辆共享模式包含了保险等确保安全和便利的服务，将车辆饱和的车主市场与急需使用车辆又负担不起整车消费的市场打通，降低了车主车辆消费的成本，增加了车主额外的收入。相对其他车辆共享平台而言，WeGo通过App寻找并预约周围的闲置车辆，省去了当面交易模式严重依赖车主时间的不便，服务的有效性可以达到7×24h，而且对车辆的监控更加便捷直观，车辆的当前位置和车辆行驶里程都可以通过App查找，且使用者可用智能手机解锁车辆。WeGo有效的将持续性的交通特性发挥到了极致，而且增加了社会成员间的合作，明确了彼此间的责任分工。

货运方面，在禁止柴油车进入市区的规定及对电动车采取补贴的政策背景下，全电式车辆设计、智能分配系统快速发展，阿姆斯特丹Transmission物流公司开发了货车智能分配与运送项目，通过信息技术的协作与连接，整合各种货运业务、算法迭代和平面无纸化等，搭建形成电动货车和智能分配系统，以解决荷兰城市禁止大型柴油卡车驶入市区带来的运输问题，从而减少交通拥堵，提高城市的安全性和宜居性。同时，在阿姆斯特丹打造"电动交通之都"的战略下，该项目也吸引了一些大品牌的汽车企业如韩国电动车制造企业CT&T、雷诺－日产等，都将欧洲总部和展示厅设在阿姆斯特丹，将其作为进入未来欧洲智慧交通市场的基地，为阿姆斯特丹智慧交通的发展带来新的机遇和经济活力。

停车方面，针对社区停车难、停车效率低，以及停车过程中产生的大量碳排放和能源消耗等问题，阿姆斯特丹建立Mobypark智慧停车系统。该系统是一个共享停车平台，通过对社区、酒店和医院等公共与私人停车设施信息进行平台运作，为出行者提供共享停车信息，有助于提高停车位利用率，减少无效出行，改善区域交通流量，缓解城市交通拥堵和改善城市空气质量。

交通管理方面，为解决三套道路管理系统（市政系统、北荷兰省系统、国家系统）在同时运行时产生的冲突问题，阿姆斯特丹开发交通联合管理系统（TrafficLink's SCM），与国家系统对接，两个系统可以同时通过一个屏幕监控道路信息，实现自动化和智能化交通管理。通过前期系统间的合作，阿姆斯特丹因交通拥挤导致的时间消耗有效降低了10%。此外，该系统还可以与车载导航系统连接，为未来阿姆斯特丹自有的数字道路管理奠定了基础。

（四）新加坡：建设智慧国家

2019年，新加坡在IMD智慧城市指数排名中荣居首位，在2018—2019年度的世界智慧城市政府报告排名中新加坡位居第二。新加坡政府致力于全球第一个智慧国家的建设，在2006年与2014年政府分前后启动了"智能国家2015"计划和"智慧国家2025"计划。从2015年开始，智慧国家建设更加重视基础数据的收集运用，更好地服务于公民需求，旨在利用信息通信技术、网络和大数据来创建技术支持的解决方案，积极布局智慧基础设施。

1. 推进数据库系统开源共享

新加坡"智慧国家"建设的第一步即搭建城市数据库系统，开发包括公共数据和私人数据在内的"数据市场"。该举措有利于打破数据提供者和使用者之间的界面障碍，从而促进数据分享和多领域开发。以公共交通系统为例，新加坡的公共交通系统非常善于利用大数据技术，智慧国家计划涵盖的部分巴士站配备了交互式地图和WiFi连接，从而让乘客享受更加愉快和高效的旅程。

新加坡政府构建了虚拟的数字孪生城市，还原了包括地形地貌、建筑楼宇、草木绿地、公共设施等城市所有现实环境，并且整合了全量全要素的数据，如城市基础数据、动态实时数据、政务数据、商业数据等。同时，模型中的数据经过处理后可开源给企业、科研院所以及个人用户进行使用，从而实现公共数据资源对于民众和企业各方的数据赋能。

2. 开发智能交通基础设施

新加坡是世界上第一个采用"传感器通信主干网"技术设计的国家，以公共交通为例，全岛的公交车站、公园和交通连接点等公共空间，密布了用于数据采集的"AG Boxes"传感设备。在新加坡，每一辆车辆注册时，必须配备用于无线电感应的设备，俗称"车辆车载单元"，当车辆经过自动收费系统时，插在设备内的储值卡将实施自动扣费。此外，新加坡通过电子收费系统征收汽车税已经十几年，下一代的系统功能将会更加全面，所有交通工具中都会安装一套政府控制的微信导航系统，这套系统可以在后台随时监测汽车的位置，并提供大量可供分析的数据。管理者可以监测全国范围内的交通状况，并通过感应设备，由电子道路收费系统自动、差异化地收取行车拥堵费，从而实现对路网交通运行的宏观调控。

在用地稀缺的新加坡，12%的土地被用作建设道路与交通基础设施，面对正在增长的人口和超过一百万辆机动车带来的压力，政府工作的挑战是优化利用有限的空间，以提供更高效、安全、可靠的交通服务，为此，新加坡积极开发智慧交通创新应用。例如，新加坡榜鹅智慧生态新镇通过建设智能停车场，确保每个停车场都会有一个智能的停车需求监控系统，当持有停车季票（SPT）的居民不使用停车场时，系统可以在非高峰时段自动增加游客的可用车位数量。相反，这还将减少晚上可供短期停车游客使用的车位数量，以确保为持有SPT的居民预留足够的车位。通过智能停车场的建设，不仅提高了现有停车场的使用效率，同时还有效缓解了交通拥堵问题，节约了土地资源。

榜鹅智慧生态新镇的智慧公路，也是新加坡智慧基础设施建设的一大亮点。当能见度下降到100m时，智慧公路会自动开启智能引导系统，地面上闪烁的黄色、红色引导灯，组成类似飞机跑道的指示系统，为迷雾中的车辆导航。当车辆经过时，激光测距器会判断车辆占用哪一条车道，车辆驶过后，黄光变为红光，车辆后方形成两条更高频率的红色闪烁轨迹，警示后车保持车距。一旦发生交通事故，智慧管控平台能够在第一时间监测到，并触发就近的公路情报板，开启车道管控模式。此外，智慧公路路面上的复合沥青材料，可实现自我调节温度，平均调节幅度为2.5℃，最大可调节9℃，使得道路在炎热的夏季能够自主降温，以免出现车辙，影响车辆行驶。通过智慧公路建设，全面提升了公路的安全性和可靠性，构建安全、智能、舒适的交通出行应用场景。

新加坡建立了"统一交通管理系统ITMS"，该系统包括城市快速路监控信息系统、车速信息系统、优化交通信号系统、出行者信息服务系统以及整合交通管理系统五个部分。新加坡几乎所有的交通信息，都要通过这套系统进行数据收集、发布和管理，基本实现了对新加坡现代化交通系统的智能管理和调控，保证了快速、安全、舒适、方便的交通服务。

3.利用数字技术开展智慧水务工作

为提供安全及可持续的安全饮用水，新加坡国家水务局采用远程无脊椎动物检测仪进行远程水质监测。该远程微型无脊椎动物探测器作为一个便携式低成本设备，可以轻松地在现场部署，以使用人工智能提供图像的实时检测和识别，并能够瞬间成像来确定水样本中微脊椎动物的存在。同时，该装置链接到移动应用程序，使系统可以在现场对水样进行7×24h实时测试，响应命令，发送实时图像报告并在检测到异常时触发警报。

新加坡国家水务局通过布置全网络水位传感器和闭路电视，监控排水系统。目前，水务局在新加坡各地拥有300多个水位传感器，这些水位传感器可提供有关排水沟和运河中水位的数据，从而增强在暴风雨期间实时监测现场状况和响应时间的能力。此外，水位上升时的SMS警报系统向公众开放，有助于及时向公众通报潜在的山洪暴发。

新加坡国家水务局使用智能水表代替机械仪表，该智能水表的目的是监测和收集用水量数据。智能水表使得水务局能够通过移动客户应用程序为消费者提供增值服务，例如了解他们的用水量，并向家庭发出可疑的漏水警报。为了激励人们改变用水行为，节省淋浴时间，水务局还推出了智能淋浴设备，消费者可以在智能手机上通过移动应用程序跟踪淋浴的实时用水情况并设置节水目标。

4. 加强体制机制和政策保障

为了实现智慧城市的愿景，新加坡政府构建了"整体政府"的智慧城市管理框架（图6-8），加强多方协同。在总理公署下，设立智慧国及数码政府工作团，下设两个平行机构：智慧国及数码政府署和新加坡政府科技局。前者负责政策的制定，后者负责具体的执行。此外，新加坡高度重视社会力量的参与，在数字化政府服务建设完毕后，相关部门进行了广泛推广，并且鼓励公众积极主动参与，让公众更好地了解数字化政府服务的各项内容并实际尝试和体验数字政府服务。

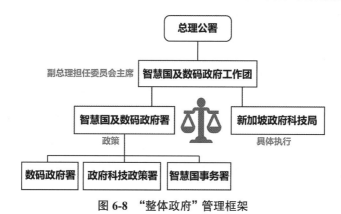

图 6-8 "整体政府"管理框架

（图片参考来源：Smart Nation Singapore 官网）

二、智慧城市建设的经验与启示

智慧城市的构建是一个非常庞大且复杂的系统工程，需要统筹规划、渐进发展。从伦敦、首尔、阿姆斯特丹和新加坡智慧城市建设的经验来看，国外智慧城市多把智慧城市规划建设工作摆在突出的位置，在推进落实智慧城市规划的过程中，以基础设施和公共服务作为建设中心开始，建设路径大多是从能源、交通等领域入手，引导智慧创新技术更好地为实现城市规划战略目标服务，利用新技术尽可能提高居民生活质量，最大限度地节约利用资源，确保城市可持续发展。国外智慧城市的建设经验也为北京市的智慧城市发展带来以下几点启示。

（一）加强顶层设计

智慧城市建设是一项系统工程，对政策具有较强依赖度，建设智慧城市需要以政府为主导，因地制宜，根据城市的性质、特点和功能，事先制定和推进一系列强有力的政策、规划、技术标准和顶层设计。例如新加坡在2014年启动了具有重要战略意义的"智慧国家2025"计划。优先规划基础性或示范性智慧城市项目的建设，同时引导资金、技术和人才等要素的有效配置。此外，建设智慧城市是一个渐进式的长期过程，智慧城市的框架需要根据不同时期的城市发展战略、技术演进趋势和社会民生需求不断调整与优化，不能脱离城市的实际建设智慧城市。

（二）构建多方协同机制

智慧城市的建设具有长期性、投入成本高、利益相关方涉及面广等特点，这就要求智慧城市建设应该把长期效益作为重点考虑，协调各方利益，统筹发展，探索建立"体制机制协同、数据协同、利益相关主体协同"的新型模式。其中，"体制机制协同"是实现智慧城市的有力保障，智慧城市的建设涉及多部门、多行业、多领域，现行的管理体制是行业或部门的垂直管理体制，因此需要构建横向统筹、组织、协同机制，例如，多部门要协同制定统一制式或是统一标准的联网入网标准，逐步打通各行业、地区的信息壁垒，为智慧城市的建设提供条件。"数据协同"是智慧城市建设的神经中枢，只有发挥好神经中枢的作用，才能及时反映出城市运行管理中出现的问题，并做出合理有效的决策。此外，智慧城市建设过程中应建立多方主体的交流平台，促进公私合作、多元参与、同谋同策，以保证未来在运行过程中更好地实现以人为本的高质量生活。

（三）推动智慧应用发展

智慧城市建立在数据化与信息化的基础上，建设内涵是"推动实体设施与信息基础设施融合发展，形成城市智慧基础设施"。应注重从小处着手，从市政、交通、公共服务、电力和水利等基础设施的智慧化做起，通过统筹规划、应用服务标准化，自下而上地完善城市智慧应用服务的基础体系。为保护民众利益和实现智慧应用服务的提供，政府部门有必要主导、监管智慧应用服务的运营，通过对供给端、需求端补贴及企业经营模式创新促进民众共享智慧应用服务。规划协调，制定智慧城市应用服务标准。结合各参与主体的实际情况，促进智慧城市应用服务机制的形成，推进智慧城市应用服务提供的稳定性、长期性。

（四）坚持以人为本原则

建设理念是项目建设的灵魂，关系到城市发展定位、实施方式、运营方式等，智慧城市的主体不是技术、互联网、云计算等，而是城市居民。从国外智慧城市建设的成功案例来看，始终贯穿着以人为本的建设理念，规划设计实施中全面考虑了各个年龄段的需求及以人为本的战略目标。智慧城市建设要以更智慧的方式为城市中的人创造更美好的生活，需要考虑到市民和企业的需求，才能使未来的城市更智慧。

绿色城市建设案例与经验

随着人类"生态足迹"的不断增长,全球的气候变化尤其是气温变暖正以前所未有的速度创造着一个又一个的记录,世界各地也正在遭受着全球变暖带来的伤害。自测量开始以来最热的18年中有17年发生在2000年以后;从加利福尼亚州到日本,森林火灾和高温死亡人数不断增加;欧洲国家玉米产量也因高温急剧下降,进一步恶化全球饥饿问题。造成这一切的罪魁祸首——CO_2等破坏性温室气体则主要由城市中的能源消耗产生,因此,城市的低碳化、绿色化是缓解气候变化、减少气候灾害的关键措施。在此背景下,绿色城市建设成为当今城市发展的重要主题,也是今后城市发展的方向。

2019年4月,美国绿色建筑委员会(USGBC)发布了LEED V4.1 Cities and Communities评价标准,这是一款针对城市(Cities)和社区(Communities)的全球通用绿色生态可持续绩效评价方法,对各国的绿色城市建设具有重要的指导意义。其主要评价内容包括过程协同、自然与生态、交通与土地利用、用水效率、能源与温室气体排放、材料与资源、生活质量7个方面,涉及相当大比重的城市基础设施领域,因此,城市基础设施的绿色化也正成为绿色城市建设的重点内容。

一、绿色城市建设经验案例

世界各地已经涌现出了许多绿色城市的实践案例,越来越多的城市正在积极承担责任并制定绿色发展策略,且各地绿色城市发展各具特色。其中,东京、斯德哥尔摩、奥斯陆、哥本哈根等城市正纷纷开始寻找开展绿色城市行动的机会,并在城市基础设施领域积极探索,以确保城市在现在以及未来的可持续发展。

(一)东京：零碳排放战略

气候变暖是当今全球面临的共同挑战，东京同样无法置身其外。2018年，东京自有记录以来首次录得气温超过40℃；2019年，东京连续29d气温超过30℃，气候异常导致的自然灾害持续增加。相关研究指出：如果全球变暖2℃，2.2亿人将因气候变暖受到水资源短缺和干旱的影响，粮食和能源价格将显著上涨。东京政府充分认识到气候变暖对城市可持续发展带来的重大风险与挑战，于2019年提出了东京零碳排放战略（Zero Emission Tokyo Strategy），致力于在2050年实现CO_2净零碳排放，努力将全球升温幅度限制在1.5℃以内。该战略在能源、建筑、交通、资源和产业、气候、合作六大领域提出了零碳排放的具体策略，并提出支撑政策和面向2030年目标的具体行动。目前，东京持续推动该零碳战略，在能源、交通、减碳政策等方面积极开展实践，并取得显著成效。

1.促进清洁能源的广泛使用

能源消耗造成的碳排放超过城市碳排总量的80%，因此能源领域的减碳是实施零碳排放战略的重中之重。作为世界氢能源研发的领头羊，日本一直致力于氢能源的研发和推广，并计划在2030年，使全国有20%的家庭用上氢能源。日本首都东京则以2020年东京奥运会为契机，通过建造世界首个氢能源社区——月岛氢能源社区作为选手村（图7-1），来提高公众对氢能的认识，进而促进氢能源的推

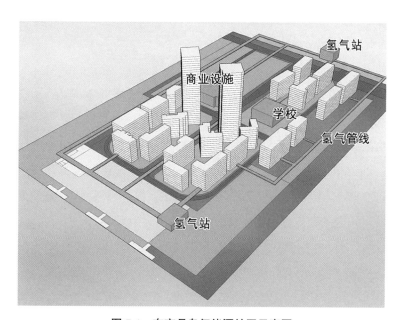

图7-1 东京月岛氢能源社区示意图

广和使用。社区内建设了一个大型的加氢站和氢气管线管控中心,通过管线直接将氢气输入到各户家庭的燃料电池中。该燃料电池拥有热电联产系统ENE-FARM,能利用氢气进行发电,使每户都有一个发电站,同时用发电时产生的热能来供应暖气和热水,整体能源效率可达90%,富余电力还可以出售给电力公司。另外,社区内所有商业设施和路灯的用电均使用氢能源,社区内的巡回巴士也采用氢能源巴士。奥运会结束后,建设公司对选手公寓进行改造和维修,作为一个新型社区向东京市民出售,形成一个可以容纳5200多户人家、13000人左右的大型社区。

2. 推广零碳排放的交通设施

交通领域的碳排放占比接近城市碳排总量的10%,且与居民日常生活息息相关,因此,打造全新出行服务体系是行之有效的减碳措施。东京提出将零排放车辆(ZEV)的规模化推广、自动驾驶技术与MaaS(Mobility as a service,出行即服务)紧密结合,并关联购物、旅游、保险等多种生活功能,从而打造融入生活的全新出行服务体系,推动交通出行从高碳向低碳甚至零碳方式转变,最终实现减少排放、缓解交通拥堵、提升市民出行体验的多重目标。同时,交通工具的能源结构对碳排放表现有着直接影响,因此,加快引进零排放车辆也是东京零碳排放战略的重要举措。2017年,东京引入燃料电池公交车,成为日本首个线路公交运营商用市政燃料电池公交车的城市。东京消防部门在2018年推出了电动汽车、燃料电池汽车和电动摩托车,并在2019年将电动救护车、小型电动汽车和电动三轮车作为首批应急车辆。此外,政府推动发展充电公共基础设施,并对多户住宅和商业设施等私人设施的安装成本进行补贴。

3. 完善减碳相关政策和机制

1997年签订的《京都议定书》把市场机制作为温室气体减排的新路径,碳交易市场也随之兴起。随着碳交易市场在全球范围内的蓬勃发展,也极大促进了东京城市的低碳化发展。2010年日本制定了碳排放限额和交易计划,率先正式开展碳交易(Cap-and-Trade)项目,这也是全世界第一个城市层面的碳交易项目。每年能源消耗在150万L原油以上的机构被纳入该项目,包括大约1200家商业及工业部门。项目分为三期完成,第一期是2010—2014年,办公场所、工业部门分别需要实现8%和6%的减排;第二期是2015—2019年,办公场所、工业部门分别需要减排17%和15%;第三期是2020—2024年,办公场所、工业部门分别需要减排27%和25%。大型设施强制性参与交易机制,其机构的最高管理者必须履行交易机制的义务。大型建筑如果实现了额外的减排目标,可以用自己多出来的排放量进行交易，达不到排放标准的建筑可以在机制中购买这部分配额，并被处以罚款。

（二）瑞典斯德哥尔摩：欧洲首个绿色之都

2010年，斯德哥尔摩凭借其出色的综合城市管理和可持续的未来计划，被欧洲环境委员会评为"首个欧洲绿色之都（European Green Capital）"。同时斯德哥尔摩并没有停止其在绿色城市建设方面的步伐，之后提出了《斯德哥尔摩2030愿景规划》，并在此基础上制定了斯德哥尔摩远景环境保护规划。此外，斯德哥尔摩预计2040年成为全球首个无化石燃料城市，将斯德哥尔摩建设成一个真正可持续发展的绿色城市。为实现这一目标，斯德哥尔摩在诸多领域展开实践。

1. 严格执行循环再生政策

废弃物、水体、能源等方面的循环利用，对于城市降低能源消耗、减少碳排作用显著，斯德哥尔摩对相关领域十分重视，并积极开展具体的探索。

位于斯德哥尔摩南城的哈马碧新城，是一个世界瞩目的生态成功实践区。新城将能源循环链、水循环链和垃圾循环链有机衔接，三者既自成体系，又相互关联，形成一体化的"环境生态循环圈"。废弃物管理方面，哈马碧装配了一套全新的垃圾收集系统设备。垃圾桶与地下管道连接，通过真空抽吸技术直接将垃圾输送到中央收集站。然后再通过精细的垃圾处理系统，分三个层级将垃圾分类处理和再利用。水体再利用方面，哈马碧建造了独立的净水厂，专门处理生活排水并循环回居民家中。对于自然降水，哈马碧模式通过绿色屋顶、人工降水渠等设施，将降水进行集中，最后通过蓄水池和水台阶进行沉淀和过滤，再汇入哈马碧湖与运河中。能源循环利用方面，新城将电热厂和地下垃圾回收系统及污水处理系统相结合，用于生产热力与电力，其生产过程中的废弃物被统一循环利用。电热厂的排水在冷却过程中所产生的"余冷"用于城区内夏天的制冷，污水处理过程中产生的热能则被用于城市集中供暖系统。同时电热厂生产过程中的废弃物残渣以及污水处理过程中产生的生化气体，经过再处理用作生物燃料，来供应公交车辆和新能源汽车。

同样的思路，政府还打造了斯德哥尔摩数据公园（Stockholm Data Parks），将数据中心的热量用于供暖——冷水通过管道送入数据中心，用来生成冷空气，之后吹到服务器上防止设备过热。在冷却过程中被加热的水从管道中排出，通过工厂再分散给众多住宅供暖，从而降低约30%的供暖成本。目前，斯德哥尔摩的各大数据中心都已参与进来，而随着越来越多的企业希望提高自身在气候意识方面的声誉，同时也希望通过一种新的商业模式获利，加入到这一项目的数据中心还在不断增长。

2. 鼓励绿色交通方式出行

交通领域同样是斯德哥尔摩减碳的重点，绿色低碳的出行方式在这里得到了推广和发展。哈马碧新城80%的居民出行采用公共交通、步行和自行车等方式。区域内的轻轨串联了所有城市中心，并与地铁站连接，精心设计的巴士路线也与哈马碧新城内的铁路站相通，同时通向内城和购物中心。新城内拥有3个汽车共享俱乐部共46辆汽车供910人使用，并在主要公共建筑附近设立了免费充电装置，保证共享汽车的快速充电。在滨河区建造了去往周边地区的渡轮码头，承担一部分客运功能。在街区尺度则是通过新建自行车专用道，营造以自行车、步行为主的绿色慢行系统，大大减少了温室气体的排放，使居民更加贴近自然，形成了健康的通行环境及高效的通行效率。

为了降低交通运输部门化石燃料的使用，斯德哥尔摩同样转向使用电动汽车，同时扩大充电基础设施建设。目前充电基础设施正在整个斯德哥尔摩皇家海港、停车场和街道上扩建。总体而言，开发区14%的停车位有充电功能，公共开放空间有8%的停车位，快速充电站位于该地区的中心。近年来，随着对充电站的需求急剧增加，斯德哥尔摩对未来土地分配的要求进行了调整，以使至少50%的停车位配备充电设备。

为进一步优化居民低碳出行体验，斯德哥尔摩还打造了与之相匹配的城市空间布局模式。借鉴巴黎的15min城市概念，斯德哥尔摩皇家海港开发了5min出行城市概念，通过城市规划将公共空间设计与城市交通系统联系起来，把杂货店、学前班、学校和公共交通等日常服务点规划在离家5min的步行范围内——相当于400m的距离，从而实现了5min出行城市，实现小范围内满足居民日常需求，大大减少长距离出行，进而减少能源消耗和碳排放。

3. 增强城市绿地生态功能

目前，斯德哥尔摩市内90%以上的居民的住宅离城市公共绿地的距离在300m之内。城市规划的一项重点就是提升现有绿地的品质，同时为公众创建新的绿地和海滩。随着城市的不断发展，越来越多的绿地楔入城市。当地政府专门制定法规以保护公共绿地上的生态多样性和公众自由进入的权利。这些绿地为提升居民的身心健康、减少噪声、净化空气和水质创造了良好的条件。同时这些绿地作为生态基础设施的一部分，为动植物的栖息活动提供了重要的场所。如当地的橡树林为

1500多种不同的野生动植物提供了生存空间。

当地政府专门制定了"斯德哥尔摩公园计划"以发展当地的公园和公共绿地。该计划中包括指导公园和公共绿地规划和管理的政策导引，明确表示享有绿地是公众生活品质的重要组成部分。市政当局作为城市主要绿地和水体的管理者，制定和实施了一系列广泛的政策措施以保护公众可以享受到生物多样性和自然生态所带来的益处。

（三）奥斯陆：绿色之都，欧洲样板

作为曾经的工业城市，奥斯陆被空气污染所困，沿海地区也一度被严重污染，造船厂直接将含汞的废物排进峡湾，加之随着城市人口的不断增长，奥斯陆亟需改善环境状况。奥斯陆政府在2000年做出了一个重大决定，对城市的一系列旧工业进行改造，包括迁出港口、铁路和高架桥，打造集居住、商业和文化于一体的城市发展区域等。通过20多年的努力，奥斯陆终于转型成为一个"绿色城市"，2019年，奥斯陆还被授予"欧洲绿色之都"的荣誉称号，在12项评比指标中，有8项都高居榜首。

1. 创新交通能源供给方式

奥斯陆为实现到2030年成为世界上第一个几乎零排放的城市，政府从交通能源供给入手，积极提倡电动化。为扫清电动车普及的障碍，奥斯陆重点发力充电基础设施的建设和完善。芬兰公用事业公司Fortum与美国公司Momentum Dynamics以及奥斯陆市合作开发了出租车无线充电系统。该项目的原理是使用感应技术，在出租车行列的道路上安装充电板，连接到安装在车辆上的接收器，实现对出租车的无线充电。该项目是世界上第一个电动出租车的无线快速充电基础设施，也将有助于将来所有的纯电动车进一步开发无线充电技术，助力奥斯陆实现零排放，推动城市绿色发展。

2. 实施核心区零排放策略

为了限制私家车出行，奥斯陆还大力推动优先步行和骑自行车的出行。2016年奥斯陆实施了一项无车宜居计划（Car-free Liveability Programme），禁止大多数车辆驶过位于1环内的市中心部分，并于2020年提出了一套实施方案草案。根据这一实施方案草案，奥斯陆将于2022年先将现有的"无车城市生活区（Car-Free City Life Area）"划定为零排放区，然后于2026年将零排放区的范围拓展至二环路以内的全部区域。图7-2中的绿色区域就是奥斯陆的"无车城市生活区"，

面积约1.3km²，该区域的城市规划将步行和骑自行车的便利性放在最高的优先级，而私家车则被放在最低的优先级，二环路以内的区域面积约13km²。奥斯陆的零排放区计划每周7d、每天24h运行。只有零排放汽车才被允许进入。该要求一开始将只适用于轻型车，到2023年时重型车也将被包括在内。对于重型车，奥斯陆正在考虑是否在零排放汽车之外，也可以允许生物气汽车进入，目前尚未最终确定。除了通过无车宜居计划实施的措施外，项目区内外还实施了其他一些措施，包括引入新的"收费站"，对电车补贴，对汽油车、柴油车征税等。

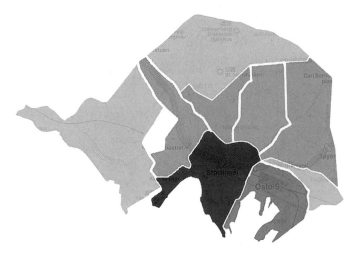

图 7-2　奥斯陆计划实施的零排放区示意图

3. 完善的垃圾处理系统

得益于发达的垃圾处理产业和系统的运作机制，奥斯陆通过"垃圾分类—垃圾回收—循环利用—能源转化及生物处理"这一流程构成了"以循环利用为基础的垃圾处理系统"。

在整个循环过程中，作为起点的垃圾分类则是重中之重。奥斯陆居民家中的厨房至少有4个垃圾桶，分别装着不同颜色的垃圾袋，用来盛放食物、塑料、纸张以及其他垃圾。市民可以在超市里免费获取市政机构提供的不同颜色的垃圾袋。灯泡、灯管和电池等不属于这4种分类并且需要特殊处理的垃圾，市民可以在超市入口处找到专门回收该类垃圾的两个垃圾箱。

垃圾的回收同样被安排的井井有条，每年市政府会给每家每户发下一年度的垃圾倾倒日历，标注每周清运垃圾的时间，如图7-3所示为某街道7月的垃圾倾倒日历，每周二清运垃圾，本月第一、三、五周的黑色包裹图案是清运剩余垃圾，第二、四周的棕色果核图案是清运生物垃圾，第四周的绿色书本图案是运送纸类垃圾。

周一	周二	周三	周四	周五	周六	周日
1	● 2	3	4	5	6	7
8	● 9	10	11	12	13	14
15	● 16	17	18	19	20	21
22	○● 23	24	25	26	27	28
29	● 30	31				

图 7-3　某街道 7 月的垃圾倾倒日历

垃圾到达处理厂后的进一步分拣，则是依靠世界上最大的光学分拣设备，通过识别垃圾袋的颜色将垃圾进行分类，食物垃圾将用于制造沼气和生物肥料；塑料制品、纸制品、一般金属和玻璃制品等都将重复利用生产再生产品；含有重金属等有害物质的电器、电池和工业垃圾进行无害化处理后重复利用或填埋；其余垃圾残余经过金属提取后予以高温焚化。

能源转化和生物处理是垃圾处理的深化，主要由奥斯陆垃圾能源化机构（Waste-to-energy Agency，简称EGE）负责。现阶段EGE的能源转化技术主要体现在以下几个方面：利用高温焚烧垃圾所产生的热量加热热水管道为居民提供区域供暖，目前可满足奥斯陆一半居民的冬季供暖需求；利用高温焚烧产生的水蒸气以及填埋垃圾产生的沼气发电，目前可以满足奥斯陆所有中小学的用电需求；利用食物垃圾和污水厂污泥厌氧发酵产生的沼气生产生物燃料用于公共交通，EGE的新沼气工厂每年可以接收处理5万t食物垃圾，为奥斯陆135辆公交车提供燃料；利用食物垃圾生产固体或液态的生物肥料，年产量为9万 m^3，可供给100个中等规模的农场使用。

（四）哥本哈根：从"碳中和"到"气候中和"

20世纪60年代，哥本哈根曾和大部分城市一样，面临机动车数量增长、交通拥堵等问题。到20世纪70年代，石油危机促使丹麦政府开始发展清洁能源，对石油消费施以重税并大力推广骑行文化。现在和不久的将来，哥本哈根在城市绿色发展方面面临着许多重大挑战，诸如城市的压力不断增加、城市建筑亟需升级、需要灵活的能源系统、交通排放量的增长和燃料需求增加等，为确保不断扩大的城市及其用户做到有效利用资源，减少空气污染，哥本哈根走上绿色可持续发展道路，为其在全球遥遥领先的"碳中和"步伐奠定基础。作为城市可持续发展的先行者和领路人，哥本哈根在2009年提出了2025年建成全球首个碳中和之都的目标。为实现该目标，哥本哈根的绿色城市发展策略主要聚焦在能源和交通两个领域，并兼顾生态环境领域。

1. 积极推动绿色能源战略

丹麦向来重视绿色能源的发展，并提出将逐步淘汰国家的主要燃料——煤炭，取而代之的，将开始以生物燃料为主要能源。哥本哈根作为首批零煤炭试点地区，严格执行绿色能源发展战略，同时其75%的减排任务也是通过能源改造来完成的。结合其自身特点，哥本哈根重点发展太阳能和风能发电。

随着太阳能发电效率的提高和价格的大幅下降，哥本哈根加大对太阳能电池的推广力度，与居民和企业展开密切合作，鼓励其安装太阳能电池。市政府通过设计城市屋顶太阳能电池的建筑指南，提供有关安装太阳能电池的信息，利用城市更新资金开发具有能源成本效益并适合城市建筑的太阳能电池解决方案。此外，能源公司开发出全新商业模式，支持在城市建筑上安装太阳能电池。

哥本哈根在风能发电领域也走在前沿，其风电设备出口占全球市场份额的1/3以上。坐落在哥本哈根海港的米德尔格伦登风电场坐拥20台总量40MW的风电机组，其产生的电力可以为4万户家庭提供电力。如今，这个风力发电场已成为哥本哈根的新地标和城市新名片。此外，为了在2025年实现碳中和，哥本哈根市将建立360MW风力发电机或者100多个风力发电机。为了提高公众对可再生能源基建项目的认知程度和参与度，激发绿色经济的灵活性，哥本哈根还创新采用风电场社区所有制（合作社）模式，即风电项目中，一部分风机归合作社所有，合作社将股份出售给当地社区的成员，而合作社也可以进行其他风电项目的投资。这样在帮助社区实现应对气候变化的承诺的同时，还为当地带来就业机会。

2. 创新打造多能耦合系统

太阳能、风能等提供了丰富的清洁能源，同时也对多种能源的有效利用提出了更高的要求。哥本哈根通过建设多能耦合的区域供热网络，不仅解决了风能消纳难题，还改善了区域供热经济效益。

大哥本哈根地区供热网已经发展到第四代，热电联产机组从燃煤燃气机组转变为生物质机组，同时冷热电三联供机组和季节性蓄热器投入应用，区域供冷比例持续增加，热网中电能转化设备比例增加，以消纳风电余量。目前，供热网供热面积达到7500万m^2，年供热量8500GWh，主干网络为25bar热水管网，总计铺设约160km。供热网的热源组成为垃圾焚烧供热厂（25%）、生物质热电连产机组

（70%）和电加热（5%）。此外供热网中还连接着大型热泵、大型电加热锅炉以及大容量蓄热器（3个，每个24000m³）。

为进一步提高能源系统的灵活性和能源利用效率，哥本哈根还积极开展多能源载体融合实践，打通电力系统、燃气网络、区域供热网络和区域冷却网络。位于哥本哈根郊区塔恩比市（Taarnby）卡斯特鲁普地铁站的新城市开发区，首次将区域供热与区域冷却和废水结合起来，为该地区的社区和商业部门提供低碳能源（图7-4）。新的区域供冷系统包括一个能源站和一个2000m³的冷冻水储罐。能源站位于污水处理厂的外围，有4台热泵从处理后的污水中提取额外热量，从而实现热电联产。同时，设施可根据电价和用户的需求优化运行，确保最大限度地利用资源。在夜间电价较低的时段，热泵可以为用户储存冷水，白天使用。

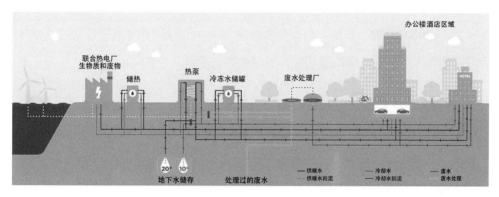

图 7-4 塔恩比市新城市开发区能源耦合系统

3.倡导全民绿色低碳出行

绿色低碳的交通体系是哥本哈根2025气候计划的重要组成部分，同时也是哥本哈根颇有建树和最引以为豪的领域。面向2025年的碳中和目标，哥本哈根在交通领域的减碳努力依然不遗余力。

作为"自行车上的城市"，哥本哈根通过不断完善自行车基础设施和强化自行车优先级，来鼓励自行车出行和巩固其绝对领先地位。截至2018年，哥本哈根行政边界内有382km的独立自行车道、63km的绿道和167km的自行车高速路。为了减少机动车对骑行的干扰，哥本哈根的自行车道均涂上鲜亮的颜色加以区分，部分车道还做了抬高处理，自行车专用道路面始终比机动车道高出7～12cm，并用路缘石隔开，为自行车出行提供了更多的可能；同时，参考机动车道，哥本哈根的自行车道也设有双向车道，并在路口处划分为左转、右转及直行道。哥本哈根还将自行车与多种公共交通方式进行整合，火车、地铁、公交车和出租车上都配有自行车车厢或车架等设施，允许市民携带自行车乘坐公交。同时，大型轨道站点与枢纽也配备有大规模地上与地下自行车停车设施，甚至包括自行车维修等配套服务。

在交通管理制度上，哥本哈根给予自行车出行充分的优先权，如允许自行车红灯右转（而机动车不能），允许自行车在部分单行道逆行，每当机动车与自行车同时转弯的时候，机动车需让自行车先行等。其中，最能体现自行车优先的，还是为骑行者服务的"绿波"信号灯和自行车道优先除雪政策。在哥本哈根市内，所有交通灯变化的频率均按照自行车的平均速度设置，据官方统计，在哥本哈根市区，自行车的平均速度为15km/h，而汽车平均速度仅为27km/h。

二、绿色城市建设的经验与启示

国外城市因地理、历史、社会、经济等原因与北京所处发展阶段和道路不同，但是在绿色城市建设方面的成功经验可以给我们带来几点启示。

（一）政府部门主导

东京、斯德哥尔摩、奥斯陆和哥本哈根四个城市的绿色发展都离不开政府的有力推动，政府在整个开发过程中扮演着总导演的角色。首先，政府部门负责确定绿色城市建设的理念和总体目标，并制定一系列具体的目标指标强化目标统领，如各城市分别从能源、交通、废弃物循环利用等领域进行了细化。其次，在明确总体目标后，政府部门负责确立各项规划，对于城市新区或开发项目，在确定规划后，政府部门或派出机构开展招商"选"资，要求开发商必须拿出有说服力的方案证明能够达到低碳要求才能竞拍土地，且开发商必须严格按照规划实施开发等。再者，在建设推进方面，政府部门或派出机构把控开发进度，通常采取循序渐进的模式，一方面逐步积累经验并指导下一期的开发，另一方面可以降低投资成本。此外，国家层面往往还通过资金补贴等方式支持低碳城镇建设。

（二）科学编制规划

欧洲国家都较为重视规划，完善的规划也是造就经典的保障。在规划理念方面，"以人为本"是首要原则，一方面体现在生态宜居、便利性、舒适性等方面的精细设计，另一方面体现在规划的编制和确定过程中重视公众参与。规划的另一重要理念就是科学、合理，体现在充分考量职住平衡、混合土地使用，避免打造空城、睡城；同时，还通过强化混合土地使用，提升区域的活力和吸引力。在城市规划方面，注重系统性和前瞻性，单因素途径不足以支撑绿色城市转型，实现绿色发展需要系统推进。例如，为实现2025年气候中和这一目标，哥本哈根围绕能源、绿色交通两个主题领域制定了具体的落实方案；前瞻性体现在适度超前的目标制定，例如瑞典皇家海港新城提出了比哈马碧新城更高的目标。

（三）聚焦重点发展领域

能源系统、交通系统、水与废弃物处理系统、生态环境系统是绿色城市创建的四大重点。在能源领域，应做到注重前期能源规划，科学评估未来能源需求预期；因地制宜，探索符合本地特色的低碳能源模式；支持合理开发光伏、风电等；普及节能设备、节能建筑，减少能源需求。在交通领域，绿色城市主要通过提高公交系统便利度和可达性，使用电动、沼气等低排放公交工具等途径减少区域交通领域碳排放。在废弃物处理领域，应做到全面落实垃圾分类，进一步完善垃圾分类基础设施；加大对垃圾资源化利用的支持力度，加强对垃圾资源化利用企业的监管；逐步探索垃圾资源化利用企业同市政合作的垃圾回收利用模式；在新建城区试用更为先进的垃圾回收、转运、利用综合解决方案，例如瑞典和丹麦两国高度重视垃圾的回收和资源化，瑞典更是已经做到了近"零垃圾"排放。在环境领域，绿色城市是生态的、宜居的，生态系统的构建不仅为居民提供了更好的生活环境，也有利于提高生物多样性，同时更多绿植也具备一定的固碳作用，在植被选取上应注重本地化和保持原生态。

（四）倡导绿色生活方式

在绿色城市的建设发展中，应引导公众对浪费能源、增排污染的消费模式和生活方式进行反思，并让公众真正体会到绿色生活带来的好处，让绿色生活成为城市的名片。在住宅方面，促进建筑业与太阳能产业的融合，推广住宅小区太阳能路灯和景观照明，倡导居住空间的低碳装饰，使用节能灯和节能家用电器等。在出行方面，鼓励步行、骑自行车或者使用公共交通，减少对私家车的依赖。

"以人为本"城市建设案例与经验

基础设施是国民经济和社会发展的基石。随着城市化进程的不断加快,城市基础设施的建设更加注重"以人为本"的发展理念。"以人为本"的城市基础设施具备几个主要特征:拥有完善的交通体系,丰富市民出行方式,极大地便捷市民出行;拥有舒适宜居的城市空间布局,发扬城市地域文化,提升城市整体形象;城市基础设施建设关照特殊人群需求,满足残疾人、老年人、儿童等特殊人群的需要,体现城市人文关怀和城市温度;城市基础设施建设注重绿色低碳,拥有符合绿色发展要求的生态基础设施规模、结构和布局,城市内外的生态环境有机连接。

一、"以人为本"基础设施案例

国内诸多城市基础设施人文品质的提升都源于秉持"以人为本"的发展理念,通过以用户需求为导向建设具有人文精神的基础设施。

(一)上海

上海是一座常住人口超过两千万的超大城市,城镇人口占85%以上。上海明确打造人性化城市,让人人都能享有品质生活、人人都能切实感受温度、人人都能拥有归属认同。

上海城市基础设施建设以"人民城市人民建,人民城市为人民"的重要理念为根本遵循,以地域性为出发点,在交通、水务、生态等领域融入地域特色,在实现基础设施功能的前提下,彰显一种文化内涵。轨道交通18号线的建设从融入当地的特色文化到选择最适宜地点开设出入口,从一体化的设计到高科技的加持,无处不体现着交通设施"以人为本"的发展理念;徐汇滨江亲水空间的打造,借助人文与自然的特点,达到地域元素与设施功能的自然融合;龙湾区聚力打造一批"儿童友好"试点公园,打造"适幼、宜幼、亲幼"的城市新风尚,帮助上海建设"全龄友好生活圈",丰富上海"以人为本"基础设施建设维度。

1. 便捷的交通体系满足市民出行需求

上海轨道交通18号线是贯穿上海东北部与东南部的切向线,全长36.93km,于2016年5月开工建设。其中,南段从航头站至御桥站于2020年底建成,开通初期运营;北段由御桥站至长江南路站的18座车站中,有9座是换乘站,被称为地铁中的"换乘王"。

18号线经过杨浦区共有8站,分别是丹阳路站、平凉路站、江浦公园站(与12号线换乘)、江浦路站(与8号线换乘)、抚顺路站、国权路站(与10号线换乘)、复旦大学站、上海财经大学站。18号线地铁出入口的设计,强调与周边设施融合。其中,复旦大学站是第一个开在校园里面的车站,而江浦路站则直接连通新华医院的儿科综合楼。儿科综合楼建设与地铁线路同步建设,医院与地铁建设方达成共识,在新华医院所在的江浦路站开通一条便捷通道,从地下直通到新建的儿科综合楼里,在地下一层直接坐电梯就可到达门诊大厅,极大方便了医院儿科患者。

在丹阳路站,列车站台被分割为一黑一白的两个世界——相反两个方向列车的候车空间被设计成黑和白两种色调,呈现出一种后现代工业风。与丹阳路站的黑白不同,复旦大学站以学院红为主色调,走在复旦大学站台上,白色的墙面刻有复旦校训,旁边是取材于《千里江山图》《富春山居图》等的山河抽象画。建设单位还查阅了历史资料,把复旦大学奠基时的手绘图作为背景画在了站名墙上。

除了高科技和人文以外,18号线的另一特点是"以人为本"的设施。站台全线采用裸装无吊顶的设计,让人感觉屋顶很高,减少局促感觉。站台内随处可见各种无障碍设施,全线车站配置独立的第三卫生间。在淡黄色调的车厢内,设有专门的轮椅位置,列车每节车厢,都设有无线充电板和USB充电口,可以给手机等电子设备自由充电,极大方便旅客。

2. 合理布局城市空间营造舒适宜居环境

徐汇滨江是上海新崛起的一道靓丽风景线,沿线8.4km,规划总面积7.4km^2,规划建设南北贯通的滨江绿化带,一期已经竣工,为黄浦江岸一条最长的"绿色景观长廊"。作为世博园区的核心配套区域,因其区域的重要及未来功能的提升,让世界的目光再次聚焦在滔滔黄浦江畔。

徐汇滨江逐步迁出一些老工业企业,配合浦江对岸的世博建设,拓展居住、商务、休闲、旅游等多功能配套。徐汇滨江旧时为著名的工业集聚地,改造后的滨江将一些著名的工业历史遗留保留下来，如南浦火车花园的老式蒸汽火车、北票码头塔式起重机、煤炭传输带、水泥厂预均库等。徐汇滨江带最大的特点在于不砌水泥防汛墙，将沿江路基从4.5m标高抬升至6.5m标高。游人站在最宽处约200m、最窄处约50m的亲水步道，便能从最佳视角俯瞰江水拍岸。新建展示馆、美术馆、演艺中心等，形成天幕舞台、水上剧场、浦江T台、星光大道等诸多文化亮点。

徐汇滨江延承历史经典，保留"老上海元素"，并以现代城市水岸景观营造为核心，将黄浦江的辉煌历史与徐汇区的璀璨未来完美融合。通过四级梯度空间设计及楔形绿化原则，将城市景观从滨江岸线引入区域腹地，打造上海目前唯一一条可驱车饱览黄浦江壮丽景色的滨水景观大道——龙腾大道，并预留有轨电车轨道，设计休闲自行车道、休闲步道及亲水平台等多重休闲空间，让市民能够在闲暇之余与黄浦江零距离亲密接触，呼吸新鲜的城市气息。

3.儿童友好进一步丰富上海"以人为本"内涵

"儿童友好"是指为儿童成长发展提供适宜的条件、环境和服务，切实保障儿童的生存权、发展权、受保护权和参与权。特大型城市的高质量发展，除了聚焦经济发展与科技水平，还要关注生活质量、消费质量以及人才质量等重要方面，"适幼化"环境建设对提升社会的整体发展质量起着至关重要的作用。2022年1月20日，上海市第十五届人民代表大会的《政府工作报告》中明确提出，要提升新城公共服务水平，建设全龄友好生活圈，打造一批服务新城、辐射区域的高能级公共服务设施；要优化养老托幼服务，加强妇女儿童权益保护，建设儿童友好城市。

上海作为特大型城市，"适幼化"环境建设是提升城市精细化治理水平的重要内容，也是提高消费质量的重要动力。龙湾区聚力打造一批"儿童友好"试点公园，推进各类公园"适儿化"改造，以儿童运动、游戏、观光等需求为导向，因地制宜设置儿童活动区，建设和提升各种适合不同年龄阶段儿童游玩的公园环境，让"儿童友好"的概念变成一个个身边的"实景图"。除了在公园设施建设中增加儿童游乐、亲子阅读、户外运动等儿童活动空间，龙湾区在公园绿地建设、公厕建设中也充分融入"儿童友好理念"。如在阳光大草坪中增加一些儿童喜闻乐见的动物雕塑、富有童趣的景观小品，让孩子们可以在开敞、富有趣味的环境里探索大自然；公园公厕增加第三卫生间，设置儿童坐便器、洗手台等，实现公厕配置适儿化。成华区突出"一老一小"和特殊人群需求，因地制宜开办"岁月厨香"老年食堂、医养康复中心、阳光家园等服务阵地，实施亲民化改造，切实把人文关怀落实到每个细微处，让家园更有温度、更有质感、更有内涵。

(二)广州

广州城市基础设施建设以功能性为基本原则,强化人的使用体验,在基础设施建设中结合使用者的现实需求与日常习惯,最大限度地发挥功能优势。在广州的城市基础设施建设中,"以人为本"的理念贯穿始终。无论是交通、生态环境还是地下综合管廊系统的建设,都充分考虑了市民的需求和福祉。在交通基础设施建设中,广州注重提高公共交通的舒适度和便捷性,为市民提供更好的出行体验;在生态基础设施建设中,广州注重提高公民低碳环保意识,倡导绿色消费生活方式;在地下综合管廊系统建设中,广州注重提高城市管理的效率和水平,为市民提供更加便捷、高效的城市服务。

1. 舒适便捷的广州交通

广州,作为中国的南大门和重要的经济中心,一直致力于打造宜居、宜业、宜游的现代化大都市。广州的交通基础设施在多个层面都深刻体现了"以人为本"的理念。广州在城市规划中,将交通规划与城市发展紧密结合,考虑交通需求与城市规划的协调性。例如,在新城区建设中,广州注重公共交通和步行、自行车道的建设,鼓励市民采用绿色出行方式,减少交通拥堵和环境污染。这种交通规划与城市规划相结合的做法,也体现了"以人为本"的理念,创造更加宜居的城市环境,提高市民的生活质量。

广州的公共交通设施,如地铁、公交车、火车站等,都设有无障碍设施,如坡道、电梯和轮椅停车位等,以方便残障人士出行。这些设施的建设,体现了对特殊群体的关心和照顾,体现了"以人为本"的理念。广州通过各种渠道,如手机App、网站、电子显示屏等,实时发布交通信息,包括交通拥堵情况、公共交通班次、道路施工等,帮助市民更好地规划出行路线,减少出行困扰。这种信息公开透明的做法,也体现了"以人为本"的理念,因为它可以帮助市民更好地掌握交通信息,提高出行效率。

近年来,广州在交通基础设施方面取得了显著进展,不仅提升了城市的交通效率,也极大地改善了市民的出行体验。以广州地铁为例,作为城市交通的重要组成部分,广州地铁在规划、建设和运营过程中始终坚持"以人为本"的原则。在规划阶段,广州地铁充分考虑了市民的出行需求和城市的发展趋势,合理规划线路和站点,确保地铁网络能够覆盖城市的各个角落。同时,地铁站点也尽可能设置在人口密集区域,方便市民出行。在运营阶段,广州地铁不断优化运营管理和服务水平,提高列车的准时率和舒适度。同时，广州地铁还推出了多项便民措施，如提供多种购票方式、设置自助客服中心等，为乘客提供更加便捷、高效的服务。此外，广州还在积极推进智能交通系统的建设，通过引入大数据、人工智能等技术手段，提高交通管理的智能化水平，为市民提供更加安全、便捷的出行服务。

2. 可靠安全的地下综合管廊系统

为了提升城市管理的效率和水平，广州正在加快推进地下综合管廊系统的建设。通过集中管理各类管线设施，地下综合管廊系统可以提高城市基础设施的可靠性和安全性，减少因管线故障导致的城市运行问题。同时，地下综合管廊系统还有利于资源的循环利用和节能减排，推动城市的可持续发展。

广州市中心城区的地下综合管廊天河科韵路试点段，是这座城市以人为本、科技创新地下管廊系统的典型代表段。管廊的平均埋深达到20m，这样的深度不仅确保了管廊的安全性和稳定性，也为未来城市的发展预留了足够的空间。廊内监控设备、报警系统等一应俱全，确保了管廊的安全运行。

环城管廊采用盾构法施工，这种先进的施工方法不仅提高了施工效率，也保证了管廊的质量。管廊的断面与地铁十一号线隧道同断面大小一致，形成了一个直径为5.4m的圆形。这样的设计不仅美观大方，而且充分利用了地下空间，实现了城市资源的最大化利用。管廊被分为上、下两舱，上半舱为电力舱，下半舱为综合舱。这样的设计既考虑了管线的分类管理，又方便了后期的维护和检修。在上舱，一排排红色的电缆支架整齐划一，可以容纳8回220kV和4回110kV的高压电缆。这些电缆是城市电力供应的"生命线"，它们的稳定运行直接关系到城市的正常运转。而下舱的综合舱则规划入廊管线为供水管和通信管，可以容纳25孔的通信电缆、1根DN1600mm的给水管。这些管线的存在，确保了城市的供水和通信需求得到满足。值得一提的是，这些管线都是经过精心规划和设计的，既考虑了当前的需求，也预留了未来的发展空间。

广州市中心城区的地下综合管廊系统将连通18座规划变电站、11座现状变电站、12座自来水厂及加压泵站。这意味着，管线入廊后将大幅提升老城区供电、供水的保障和应急能力，实现全市供电供水的综合平衡和远程调度。这样的地下"生命线"不仅为城市的发展提供了坚实的保障，也为市民的生活带来了极大的便利。此外，地下综合管廊的建设还体现了广州城市建设的先进理念，通过与地铁环线的同步建设，管廊不仅节约了城市的地下空间，还实现了与地铁的互联互通。

3.绿色消费生活融合的生态公园

2022年6月,华南地区首个碳中和主体园在广州市越秀公园正式开园(图8-1)。碳中和主体园位于越秀公园内,由广州市越秀公园和广州碳排放权交易所联合打造,充分利用越秀公园旧垃圾场和部分低效利用建筑进行改造。主体园占地面积约为1400m^2,把生态、生产、生活及科教有机融合起来,设有碳中和科普展馆、中水回用示范区、现代农业示范区、垃圾分类及园林垃圾就地处置区、碳中和研学区、新能源光伏技术展示区。主题园集科学普及、公众教育、沙龙活动、社会实践于一体,特设碳交易助力双碳目标的热点展区,通过展示广东省试点碳市场建设十年以来的丰硕成果,传递了以市场化机制助力节能减碳的理念。

图8-1 广东省广州市越秀区越秀公园航拍

(图片来源:视觉中国)

园区内设置了半开放式育鱼菜共生、鱼稻共生水循环系统,采用目前国内领先的水处理技术。一方面,可实现中水回用,即园区内的废水和收集的雨水经处理,变为达标的农业养殖及灌溉用水;另一方面,养殖池排放的水经处理后,以循环方式进入蔬菜栽培系统,经由根系生物吸收过滤后,最终返回至养殖池。

碳中和主体园曾是"园林垃圾处理厂",如今,通过创造性的升级改造,变为"神奇主题公园",实现了物尽其用,成为市民游客又一打卡点。凭借科技创新和多元复合的功能定位及花径、栈道、艺术文创展示区等配套设施,碳中和主题园完成了向环境友好型设施的转变,实现了生态效益、社会效益和经济效益的多赢。越秀公园作为国家重点公园，年接待游客近1000万人次，在越秀公园建设碳中和主题园，充分利用城市园林和绿地资源，为市民游客提供低碳知识科普，是林业和园林部门支持"双碳"目标的重要创新实践方式，为园林系统服务"双碳"目标提供先进经验。

（三）深圳

深圳作为中国改革开放的先锋城市、区域性中心城市、国际花园城市，基础设施的发展强有力地支撑了深圳的腾飞。在坚持"以人为本"的发展理念下，深圳城市基础设施以绿色智能为发展方向，交通三网融合的建设打造了出行不费事、换乘不揪心的交通网络，极大提升了公共交通的服务品质；城市氧吧的建设着重给市民悠闲娱乐的极致体验，为城市的绿色发展交上新的答卷；洪湖水质净化厂的建设更加突出绿色发展和科技应用，在创造人与自然和谐的绿色空间的同时完成了使用功能的提升。

1.三网融合保障深圳交通运行效率

三网融合指的是在明确轨道、公交、慢行各方式功能定位的基础上，从基础设施配套、出行网络整合、运营服务同步等方面加强各方式间的协同配合，确保在公交系统出行链的各个环节提供品质化服务，构建紧密配合、无缝衔接、可靠舒适的公共交通服务网络，让公共交通系统出行成为市民可信赖的出行选择。

深圳作为一个2000万人口的超大型城市，机动车保有量已超过330万辆，车辆密度高居全国第一。深圳围绕建设国家"公交都市"示范城市，持续推进轨道、公交和慢行交通供给侧结构性改革，通过推动轨道、公交、慢行交通三网融合，着力打造一体化的公共交通出行体系，公共交通服务品质明显提升，有效保障了城市交通运行效率。深圳市以无缝衔接、舒适可靠为标准进行基础设施建设，按照创建国际化创新型城市要求，推进轨道交通网、常规公交网、慢行交通网三网融合，打造"1km步行、3km自行车、5km公交、长距离轨道为主"的一体化公共交通体系。

深圳地铁网络不断完善，覆盖了城市的各个角落，为市民提供了快速、便捷的出行方式。地铁线路的增多和覆盖面的扩大，使得市民能够更加便捷地到达目的地，减少了通勤时间和交通拥堵带来的不便。公交系统作为轨道交通的有力补充，也在不断完善。深圳的公交线路遍布城乡，为市民提供了多样化的出行选择。公交车辆的更新换代和智能化改造，使得公交服务更加便捷、舒适和安全。同时，深圳还推动了公交与轨道交通的无缝衔接，提高了公共交通的整体效率。此外，慢行交通在深圳也得到了充分重视。深圳在城市规划中充分考虑了慢行交通的需求，建设了大量的自行车道和步行道，为市民提供了安全、舒适的慢行环境。另外，深圳还推动了共享单车等新型交通方式的发展，进一步丰富了市民的出行选择。

白沙岭红荔片区将作为三网融合试点，作为全市公交服务供给侧改革的标杆，通过在原自行车道重新铺装、人行道划线、占用绿化带设置、重新分配机动车道路权等方式，打造全覆盖、连续性的自行车道。在轨道站点、公交站点周边设置18处自行车停放泊位，统一采用电子围栏、滑轨停车架等智能停放设施。增加轨道站点与公交站以及末端出行点（学校、医院、小区等）的风雨连廊，片区新增风雨连廊5100m。梳理盲道设置，对不合理路段进行调整，对空白路段进行增加；增加轨道站点、公交站点出入口无障碍设施，如坡道、扶手等。在园岭中路、园岭三街西侧各新增1处公交停靠站，将百花四路等4对站台改造为背向式公交站台。开通白沙岭、红荔片区往华强北九方购物中心休闲购物微巴线路，解决现状红荔片区内部无公交服务问题。

2. 创新的生态氧吧提供深圳宜居环境

盐田区荣获广东省唯一一个2021年度"城市生态氧吧"荣誉称号（图8-2）。从梧桐山隧道口一路向东，"山海盛颜、最美盐田"的精彩画卷演绎出这座城区的魅力所在——依山面海、风光秀丽。背靠梧桐山的盐田区还有着一条独具盐田特色的"生态翡翠项链"——半山公园带，它串联起整个盐田区的风景区森林公园、绿道和登山环道，形成一条长达69km的半山防火巡逻道。19.5km的海滨栈道拥抱阳光和大海，69km的半山公园带串联山海，形成一条独具特色的"生态翡翠项链"。

图 8-2　盐田区城市生态氧吧

（图片来源：视觉中国）

盐田区森林覆盖率达63.92%，人均公园绿地面积27m^2，源源不断地为城区输送清新的空气，绿色是美好生活的底色也是盐田区的"代表色"。盐田区分布着大大小小的公园，负氧离子年均浓度2298个/cm^3，空气优良率为98.1%，全年"适游期"长达8个月，高质量达到"城市生态氧吧"标准要求。盐田区创新打造以生物多样性为特色的沐氧体验步道，建设以"赏生态多样·享富氧盐田"为主题的氧吧步道体系，生态环境处于国内最优水平，主要河流水质全市最好，是深圳市名副其实的"生态基石"。良好生态同时也在反哺盐田区的产业，"全域＋全季"旅游发展的核心竞争力不断增强，为盐田区带来优越的康养宜居品牌效益，助力产业兴盐战略，也为经济发达地区、一线城市氧吧创建贡献先行先试经验。

3. 邻避变邻喜的洪湖水质净化厂

深圳市洪湖水质净化厂位于罗湖区洪湖公园北端，占地约3.24hm^2，主要为洪湖公园和布吉河提供生态景观补水。洪湖水质净化厂作为深圳重点工程，对缓解罗湖区笋岗片区、清水河片区及部分泥岗和八卦岭片区的污水处理排放压力起到重大作用。

洪湖水质净化厂是深圳市"十三五"期间规划建设的第一个全地下式水质净化厂，主体结构为地下两层，下层为生产厂区，上层地面为公园，通过把水处理设施搬到地下，把地面空间还给市民，依湖而建，展现出"水清岸绿、鱼翔浅底"的优美景观。洪湖水质净化厂打造"一厂、一园、一馆、一廊"，让风井变风景、让邻避变邻喜，还荷塘于公园，予生态以民众，成为一个有主题、有文化、有体验的城市公共空间。

同时，洪湖水质净化厂下方设置人居和谐、寓教于乐的荷水文化科普基地——"水荷馆"，置于地下负一层，以"水"为基、以"荷"为媒，设有"因荷而来""水色出尘""熠熠新生""四时雅意"4个特色展区，科普和展示洪湖水质净化厂的工艺流程、特色亮点以及我国污水污泥处理的先进科技等内容，让市民"零距离"感受污水处理全过程，学习水文化。洪湖水质净化厂是国内第一座5G信号覆盖的生态智慧型地下水质净化厂，可实现人、机、物全面连接，各生产要素间高效协同，通过智慧水厂，实现无人或少人值守的全自动化生产、运营和监控。

（四）重庆

重庆依山而建，临水而居，经过几十年的发展，已经成为西南发展的经济中心，快速的经济发展需要基础设施的大力支撑。重庆的轨道交通系统是一个典型的例子，它以市民的出行需求为出发点，不断优化和完善。轨道交通线路的规划和建设都充分考虑了人流量、站点设置、换乘便捷性等因素，为市民提供了高效、便捷的出行方式；在水利设施建设方面以满足人民对水资源的需求和保障人民生命财产安全为核心目标；在生态环境建设中，预留了大量的绿地和公园用地，为市民提供了休闲、娱乐、运动的场所，美化城市环境，提高了市民的生活质量。

1. 便捷高效的地铁交通六号线

重庆轨道交通六号线跨越"两江四岸"，连系5大行政区、7大组团，衔接2个城市中心、2个城市副中心，作为重庆市轨道交通基本线网的重要组成部分，是"六线一环"的主骨架。重庆轨道交通六号线紧扣重庆市的实际情况，因地制宜地提出了很多适合重庆轨道交通人性化发展的思路和方法，大大提升了地铁服务品质，设计中的人性化考虑得到充分体现，以"整洁、舒适、快捷、方便"的特点赢得了广大市民的高度认可。

六号线创新采用公轨合建模式，即上层为市政道路，下层为轨道交通，跨越长江、嘉陵江，连系"两江四岸"的重要节点，同时穿越主城区的核心区——渝中半岛，加强了"两江四岸"的联系。六号线线路场，换乘站点多，换乘形式多样，采用了十字换乘、T型换乘、L型换乘、双岛同站台平行换乘等多种换乘方式，基本涵盖了国内外轨道交通换乘的各种类型。为深入贯彻"以人为本"的发展理念，六号线形成的10座换乘站中，有5座换乘站为同站台换乘形式，为乘客提供距离最短、导向明确、方便快捷的换乘方式。六号线的车站装修设计以"柳荫花锦"为主题，提炼山、水、植物等元素，通过人文、自然的有机结合来体现重庆生态城市意蕴，通过区分标准站和特色站，突显区域特色和站点特色。站内设施设备的布置遵循"以人为本"的理念，使整体的功能趋向于全面、合理。

2. 稳固有效的防洪排涝系统

重庆在2021年开展中心城区394km"两江四岸"及周边地区将开展统筹沿江防洪排涝和城市建设、基础设施灾后重建工作试点，到2025年底将全面完成"两江四岸"及周边地区统筹防洪排涝和城市建设试点工作。

"两江四岸"朝天门、磁器口、海棠烟雨公园等沿江重点受灾地段、洪涝灾害防御薄弱区域的灾后基础设施重建完成提升了重庆防洪排涝能力，房屋抗灾能力提升。在提升防洪排涝能力的同时，统筹规划了滨江护岸生态修复、滨江路网体系完善、沿江房屋建筑分类改造等任务，确保洪汛期无重大人员伤亡、经济受损少、交通不瘫痪、生命线工程正常运行。构建沿江特色公交系统，结合过江通勤交通需求,完善两江水上交通系统,启动水上巴士、过江索道等特色交通研究,提高多种公交方式之间的换乘效率,提升公交与滨江公共空间的串联水平,形成两江特色交通系统。完善滨江区域路网体系,沿江轨道成环成网,充分发挥轨道交通大运量、网络化运营的特点,沿江、跨江轨道线路融入中心城区轨道线网,增强"两江四岸"及周边地区轨道环线疏解能力。

3.功能多样的观音塘湿地公园

重庆市始终把努力建成碧水青山、绿色低碳、人文厚重、和谐宜居的生态文明城市作为重要的发展方向。其中,建设水生态文明城市是重要的一个环节。重庆市璧山区以建设水生态文明城市为契机,实施观音塘湿地公园水生态修复工程,让全国水生态文明试点城市又添了一个亮点,同时,该项目也是整个重庆市首个水生态系统示范项目。观音塘湿地公园位于重庆市璧山区城南部,占地40.5hm^2,其中水域面积12.1hm^2,陆地28.4hm^2。该湿地公园于2013年被批准为国家城市湿地公园,2014年获批为国家AAAA级旅游景区。这里是重庆市最大的城市湿地公园,以其水面宽广、形态自然、水流平缓、动植物资源丰富、历史文化特色突出等特点而著名。

观音塘湿地公园是重庆市首座国家级湿地公园,是"一河三湖九湿地"水城建设框架中的第一环。观音塘湿地公园充分展示了自然与人文的和谐共生。公园的设计和建设遵循了生态优先的原则,保护和恢复了湿地生态系统,提供了丰富的生物多样性。同时,公园也通过教育活动和解说系统,向游客传播生态文明理念,提升公众的环保意识和生态素养。作为重庆市湖库生态修复的示范项目,观音塘湿地公园生态修复的顺利开展与竣工为璧山区发展成为"国家生态文明试验区""全国水生态文明城市"和"海绵城市"示范区起着巨大的推动作用。

观音塘湿地公园通过实施"清水型生态系统构建技术",水生态系统得到健全:水下的森林,嬉戏的鱼儿、螺丝、贝壳等动植物形成了一个完整的食物网链,帮助水体起到自净的效果。除"水下森林",还修建水生态文化科普馆,吸收璧山水文化特色,兼具"以人为本、天人合一"的可持续发展理念,使人们在馆里就能领略到诗意栖居山水画卷的美妙,意识到保护绿色生态的重要性。

二、"以人为本"基础设施案例启示

"以人为本"是一种强调人的需求、利益和发展为核心的发展理念。随着我国主要城市基础设施建设的不断加快，提出了"以人为本"的城市基础设施建设模式，在全面提高城市基础设施运行效率的同时，生动实践着"人民城市"的理念。在基础设施建设中，这一理念要求我们将人民的需求放在首位，确保基础设施的建设和发展真正为人民带来福祉。

（一）城市基础设施应尊重人的需求

城市基础设施发展应尊重人的需求，在基础设施建设中，始终以满足人民的实际需求为出发点，包括提高基础设施的可达性、便利性、安全性和舒适性等方面。一方面，城市基础设施建设要特别重视有温度的人性化尺度，老城区要延续原有的道路宽度、线形，不随意拓宽道路；新区建设也要注意保持舒适的街道尺度，创造宜居的生活环境。另一方面，城市基础设施建设应给公众参与留足空间。尤其是在历史文化风貌保护区，需要通过制定城市设计通则、街道设计导则和建筑图则等方法，搭建各级政府、各部门与居民、经营者、开发者等多方参与的平台，构建共治共享的城市发展格局。鼓励公众参与基础设施的规划和建设过程，充分听取和吸收公众的意见和建议，确保基础设施真正符合人民的需求和期望。

（二）城市基础设施应坚持绿色发展、可持续发展理念

城市基础设施建设需要注重基础设施的环境友好性和可持续性，确保基础设施建设不会对环境和生态造成不良影响。围绕绿色发展、可持续发展，凸显城市发展的价值观，明晰增长与发展的界限，坚守土地、人口、环境和安全底线，实施城市增长管理。城市发展的价值取向不仅是经济总量的扩大，而是市民可感知的城市品质的持续提升。通过城市空间布局、土地利用与交通系统的协同优化，以尽量小的交通基础设施建设、运行、维护成本和出行距离、时间、支出成本，支持城市各项功能，使居民工作之余有更多闲暇时间享受城市。此外，通过综合交通政策制定、体系规划和经济杠杆，引导交通结构优化，使得符合绿色交通优先顺序的交通方式，如步行、自行车、公共交通等占据更高的份额，降低排放，改善环境。

（三）城市基础设施应体现城市特色

城市基础设施发展要因地制宜，结合城市特色，打造人性化的基础设施体系。在基础设施建设中结合城市风貌特色、交通出行特征等，在发展传统基础设施基础上，积极探索拓展多样化、多层次的基础设施互联体系。城市基础设施发展应遵循

既要数量更要品质的原则，不断提升新建或改造的公园绿地等城市公共空间的生态品质和服务功能。在设计中融入传统文化，通过文化和基础设施的融合，增强功能性和交互性，在方便使用的同时，接受文化熏陶、知识获取，提升城市居民的便利性和融入感。

（四）城市基础设施应深化人性化、精细化服务

基础设施发展应创新服务理念，逐渐从"侧重设施供给"向"侧重服务体验"转变，不断深化人性化和精细化服务。如交通体系中特色站场开发，可以考虑休闲与交通、生活链与出行链的融合，提升站场整体形象和文化品位。在地铁服务方面，改进地铁便民措施及人性化设施，让乘客更好地体验周到、优质的服务，设置独立母婴室、地铁厕所革命等，让地铁出行更便捷、温馨。运用科技手段提升基础设施建设效能，城市基础设施建设应加持科技手段，实现智慧人性化服务。在基础设施的建设、运营、管理等全过程中充分运用数字、信息等现代技术。通过智慧基础设施平台，自动监测风险，消除隐患，助力数字城市建设。

第九章

区域协同发展案例与经验

基础设施带来的集聚效应和外溢效应相得益彰、相互促进，成为凝聚城市群向心力的关键。区域经济社会的发展，首先要以城市基础设施建设作为基础和支撑，这也是促进区域经济社会持续健康发展的重要保障。基础设施协同发展影响城市经济活动的空间分布，进一步提高中心城市的经济实力和扩大中心城市影响范围。

一、城市基础设施区域协同发展案例

城市基础设施是支撑国家经济社会运行效率和质量的基础，也是优化国土空间结构的重要载体。基础设施互联互通是区域协同发展的重中之重，进一步优化能源、生态等基础设施，推动区域的互联互通、综合衔接、一体高效，将对区域经济建设形成坚实有力的支撑。

（一）长三角

长三角区域覆盖上海、江苏、浙江、安徽全域，以不到4%的国土面积，创造出中国近1/4的经济总量，1/3的进出口总额、外商直接投资和对外投资，成为我国经济发展最活跃、开放程度最高、创新能力最强的区域之一。推动区域协调发展，是我国建设现代化经济体系、推动经济高质量发展的重要任务，也是构建"以国内大循环为主体、国内国际双循环相互促进的新发展格局"的重要基础。长三角承担着探索区域一体化发展道路的重大历史使命，经过多年发展，探索出促进地区间协同发展的特色路径。

在长三角区域协同发展中，上海发挥着龙头带动作用，苏浙皖各扬所长，形成互联互通、分工合作、管理协同的基础设施体系，增强一体化发展的支撑保障。长三角区域的发展以绿色为基础，即以绿色发展为主线和衡量尺度，把绿色生态作为产业发展、项目建设、基础设施建设和环境优化等一切发展内容的基本标准与硬性约束，逐步实现绿色发展的生产与生活方式。

1. 带动区域高质量发展的综合交通枢纽

基础设施一体化尤其是交通设施一体化提高区域通达性，提高资源配置效率，进而带动城市群高质量发展。2006年，上海市确定建设虹桥综合交通枢纽，将虹桥新航站楼、沪杭磁浮建设、京沪高速轨道交通、长三角高速城际线以及城市公交系统有机结合起来，把航空、铁路、磁浮、地铁、长途客运、城市巴士、出租车等多种交通方式组合在一起，实现了区域土地资源、综合配套设施、城市环境资源的集约，提高了上海服务长三角一体化发展的能力。上海虹桥综合交通枢纽是集高速铁路、城际和城市轨道交通、公共汽车、出租车及航空港紧密衔接的国际一流的现代化大型综合交通枢纽，是城市交通建设上的一大创新，服务上海城市的发展，促进长三角区域经济发展，增强区域可持续发展，适应现代化交通发展战略。

虹桥综合交通枢纽规划用地面积约26.26km^2，包括京沪、沪杭、沪宁城际高速铁路，浦东、虹桥国际机场城市高速客运中心；虹桥国际机场第二条跑道和第二航站楼轨道交通；地铁2号线（虹桥枢纽—浦东机场）、10号线（虹桥枢纽—外高桥）、17号线（虹桥枢纽—军工路）、5号线（虹桥枢纽—闵行开发区）和青浦线；高速巴士中心。枢纽衔接沪宁、沪杭、沪嘉、A9高速公路等通往长三角地区的交通要道，30余条公交巴士专线汇聚于此。虹桥综合交通枢纽将推动周边区域城市功能的发展，形成枢纽都市区。

①机场。在既有的虹桥国际机场跑道的西侧将新建一条长3300m的跑道和一座面积达25万m^2的新航站楼以及一系列公用设施，整个机场用地约占7.47km^2。②铁路客站。虹桥站北端引接京沪高速铁路、京沪铁路、沪宁城际铁路；南端与沪昆铁路、沪杭甬客运专线、沪杭城际铁路接轨。站场规模按照30股道设计，站场占地约43hm^2，保留现状铁路外环线作为货运通道的功能，实行客货分流。铁路设施用地（包括站场与线路）约90hm^2。高速铁路客运规模为年发送量达6000万人次旅客，日均16万人次。③长途巴士客站。布局于铁路客站与机场之间，发车能力为800班次/日，远期年旅客发送量达500万人次，日均2.5万人次，高峰日达3.6万人次/日，占地约9hm^2。④磁悬浮客站。布局于铁路客站东侧，按照10线8站台的规模设计，站台长度按照280m考虑，站台范围内车站宽度约为135m。⑤轨道交通。规划引入4条轨道交通，即2号线、5号线、10号线、13号线及低速磁浮线和机场快速线，形成"4+2"的六线汇聚布局。规划轨道交通停车场用地约60hm^2。

以虹桥综合交通枢纽为核心划分四大片区。东虹桥片区作为商务提升区：虹桥枢纽地区10km影响圈的东部片区，这个片区是"大虹桥"现代服务业拓展轴的重要载体。北虹桥片区作为综合发展区：虹桥枢纽地区10km影响圈的北部片区，依托上海汽车产业基地以及上海西北部地区沪宁沿线传统辐射苏南地区的走廊成为具有较强特色产业导向的、面向江苏地区、以园区式生产性服务业的区域服务性片区。南虹桥片区作为综合发展区：虹桥枢纽地区10km影响圈的南部片区，依托松江出口加工区、闵行经济技术开发、闵行出口加工区三大国家级开发区以及沿沪杭高速传统辐射浙江地区走廊，将成为面向整个浙江杭州湾地区、以园区生产性服务业为特色，联动松江、闵行新城发展重要区域服务性片区。西虹桥片区作为商务成长区：虹桥枢纽地区10km影响圈的西部片区，依托青浦出口加工区、沪青平公路、赵巷商贸中心，将成为面向江苏地区，特别是苏南地区、以园区式生产性服务业为特色、联动青浦新城发展区域服务性片区。

2. 区域协同提升跨界生态治理效率

西起太湖、穿过汾湖、东入黄浦江的太浦河，是长三角生态绿色一体化发展示范区重点跨界水体，是政府全力打造的示范区"生态绿色廊道"。区域协同在长三角地区的太浦河治理中发挥着重要的作用。为了有效治理太浦河，三地水务部门启动了协同治水行动，采取了多种措施来加强区域协同合作。太浦河全长57.6km，青吴嘉三地先后签署跨界河湖联合治理一期、二期项目协议，共涉及项目34个。其中太浦河共保联治江苏先行工程，主要包括太浦河挡墙和堤防达标建设、两岸环境整治、滨水空间景观文化提升等，是推动长三角生态绿色共建、环境共治、美丽共享的重要工程。

三地水务部门将各自毗邻地区的水系图合并，形成了"一图治水"的模式。这种模式的建立，统一规划和管理太浦河流域的水资源，实现区域水资源的共享和优化配置。通过拆除太浦河周边的"散乱污"企业和码头堆场，减少了对河流的污染。同时，三地还加强了对河流的日常监管和执法力度，及时发现并处理违法排污行为，确保河流水质得到有效改善。此外，为了加强区域协同合作，三地还建立了联合河长制。通过联合河长群等信息化平台，三地河长可以实时交流巡河情况，共同解决河流治理中遇到的问题。这种制度的建立打破行政壁垒，促进三地之间的合作与沟通，形成合力推进太浦河治理的良好局面。三地水务部门共同推进了太浦河治理工作，取得了显著的成效。

在推进流域综合治理方面，统筹实施重要节点堤防加固、景观提升、生态改造等措施，系统打造太浦乐章、渔港栈道等七个生态节点，加大水系连通和生态治理力度，持续提升太浦河水系整体生态功能和综合效益。

区域协同在其他示范区也发挥重要作用。上海青浦东部江河交错，西部湖荡群集，其中在上海最西端、沪苏交界处的元荡郊野湾位于长三角生态绿色一体化示范区，是未来沪苏湖高铁、沪渝高速和东航路进入上海的门户，湖泊总面积12.90km^2，岸线全长23km，其中吴江段16.8km，青浦段6.2km。元荡生态岸线贯通工程，通过采取滨水空间更新改造策略，将一道传统的防洪堤岸打造为一条生态绿色的景观门户带。岸线贯通，构建环湖廊道，打造陆域80m范围生态缓冲带，提升滨水空间环境。沿岸线新建车行、慢行、人行道路，实现岸线贯通，并为今后环湖马拉松赛、环湖自行车赛预留空间。退渔还湖，建设生态湿地，对105亩鱼塘进行退渔还湖，220亩鱼塘进行生态化改造，大大增加水体面积，充分利用现状地形构建12个可淹可露生态湿地小岛，通过水上栈桥进行串联，打造观赏湖湾湿地，提升湖体水环境质量（图9-1）。

图9-1 上海青浦区西部湖荡地区

（图片来源：视觉中国）

3.资源优化配置协同发展的能源建设

长三角地区作为我国经济最发达、人口最密集、产业最集中的区域之一，其能源基础设施的发展不仅需要满足本地区的需求，还要在更大范围内实现资源的优化配置和协同发展，能源基础设施的区域协同建设和发展也备受关注。

长三角地区经济发达，能源需求量大，但同时也面临着能源资源短缺、能源结构不合理等问题。首先，区域协同有助于提升能源基础设施的利用效率。长三角地区包括上海、江苏、浙江、安徽等多个省份和城市，各地区的能源需求和资源条件各不相同。通过加强区域协同，可以实现能源资源的共享和优化配置，提高能源基础设施的利用效率，减少能源浪费和排放。其次，区域协同有助于加强能源安全保障。通过加强区域协同，可以共同应对能源供应风险，提高能源安全保障水平，确保经济社会的稳定发展。最后，区域协同有助于推动长三角地区一体化发展。能源基础设施是区域一体化发展的重要支撑，通过加强区域协同，可以推动长三角地区在能源领域的深度合作，促进区域一体化发展，提升整个区域的综合竞争力和影响力。

能源基础设施的互联互通有力地支撑着长三角一体化发展，其中电网一体化作为能源基础设施建设的重要一环备受关注。为了提高能源利用效率、保障能源供应安全和促进区域经济协调发展，长三角地区积极推进智能电网建设。作为一体化发展的示范区，青浦嘉善吴江三地供电公司率先联动，先后发布长三角一体化发展电力先行2019年行动计划和2020年白皮书。目前，三地500kV及以上主网已实现互联互供，完成了跨省配网互联互通工程，积极打造电网数据共享及业务协同平台，实现了长三角一体化电网数据全业务覆盖。2019年，青浦一嘉善率先建成示范区10kV跨省配网联络线，拉开了省际配网互联的序幕。截至目前，青吴嘉三地已实现3条配网线路的互联互通。通过电网一张图，一套数据，一套指标，一套标准，一个电话，实现电力流和信息流的同步贯通及营配调、规建运的主要信息融合。通过三地的共同努力，实现跨省10kV数据配网调度数据融合共享，强化了电网全业务协同，提升了精益管理水平，为营配调、规建运的贯通提供了思路，提高供电可靠性和优质服务水平。通过区域能源互联网平台的建设，实现了能源数据的共享和互通，促进了区域能源基础设施的协同运营和优化调度。

总之，长三角地区的智能电网建设是区域协同能源基础设施的一个典型案例，通过智能化技术的应用和区域合作机制的建立，实现了能源利用效率的提高、能源供应安全的保障和区域经济协调发展的促进。这一案例对于其他地区推进能源基础设施建设和区域协同发展具有一定的借鉴意义。

（二）珠三角

珠三角（珠江三角洲）包括广州、深圳、珠海、佛山、东莞、中山、惠州、江门、肇庆等城市。基础设施的互联互通是构建富有活力和国际竞争力的世界级城市群的先决条件，也是有力支撑。珠三角地处我国沿海开放前沿，面积大约5.6万 km^2，在"一带一路"建设中具有重要地位，具备互联互通的区位优势、战略优势。区域协同在珠三角地区尤为重要，因为该地区的城市之间地理位置相近，经济联系紧密，具有实现协同发展的良好基础。通过区域协同，可以实现资源共享、优势互补、产业协作等目标，促进整个区域的经济发展。珠三角在一体化发展中，以交通基础设施互联互通为基础,以能源安全保障为关键,以生态设施建设为重点,以信息化智慧化为方向加快推进基础设施区域协同进程,为珠三角经济社会发展提供坚实支撑。

1. 提升综合竞争力的综合交通枢纽

白云机场位于广州市北部,是中国南方航空的枢纽机场之一,也是珠三角地区的主要国际机场。白云机场的地理位置优越,交通便利,对珠三角地区的经济发展和区域协同具有重要意义。在区域协同的背景下,白云机场发挥着重要作用。首先,白云机场作为珠三角地区的航空枢纽,可以加强与其他城市的交通联系,促进人流、物流、信息流等方面的交流与合作。其次,白云机场可以吸引更多的国内外航班和航空公司入驻,提高珠三角地区的国际通达性和竞争力。此外,白云机场还可以与周边城市共同开展航空物流、旅游开发等领域的合作,推动区域经济的共同发展。

T3航站楼引入"两高铁、两城际"——广河高铁、广中珠澳高铁、地铁22号线北延段(芳村至白云机场城际)及穗莞深城际,结合T1、T2航站楼现有地铁3号线北延线,将实现从白云机场20min内可达广州火车站或广州白云站(棠溪站),30min内通过高快速路可达老城区和天河中心区,同时联通珠三角城市群、粤港澳大湾区,进一步提升广州国际航空枢纽竞争力。通过加强区域协同和发挥白云机场的优势,可以推动珠三角地区的经济发展和国际竞争力提升。

在珠三角一体化建设中,轨道交通的发展促进了区域协同,打造全球一流区域轨道交通样本。广佛线的建成有力地促进了广佛同城化发展,广佛线的开通,拉近广佛两地时空距离,促进两地进入"双城通勤"的地铁时代,并产生明显的"潮汐效应",催生庞大的"广佛候鸟"群体。以公共交通为导向的开发(TOD)模式,对促进土地的混合利用、引导人口和就业岗位在轨道站点周边集聚等具有重要的作用。珠三角千灯湖TOD枢纽位于佛山市南海区桂城街道,紧邻广州,是广佛都市圈的核心区域。该项目地处广佛地铁、南海有轨电车1号线和南海新交通的交会点,交通十分便利。通过地铁、有轨电车、公交等多种交通方式,可以快速连接广州、佛山等城市的主要区域,实现高效出行。千灯湖片区是广佛线TOD模式开发的重点区域,金融高新区站是千灯湖金融高新区内重要的交通枢纽,金融高新区核心区成为国内规模最大、功能最为完整的金融后台产业园区。以千灯湖地铁站为核心,围绕地铁站打造了一个集购物、餐饮、娱乐、办公、居住等多功能于一体的城市综合体。同时,项目还配备了停车场、绿化景观等配套设施,为居民和游客提供了舒适便捷的生活环境。珠三角千灯湖TOD枢纽的建设对于提升佛山市南海区的城市形象、促进区域经济发展、优化城市空间结构等方面都具有重要的意义。

港珠澳大桥，是我国境内一座连接香港特别行政区、珠海和澳门特别行政区的桥隧工程，位于中国广东省伶仃洋区域内，为珠江三角洲地区环线高速公路南环段。港珠澳大桥由三座通航桥、一条海底隧道、四座人工岛及连接港珠澳三地陆路联络线组成，全长55km。港珠澳大桥连接了香港特别行政区、澳门特别行政区、珠海三地，成为又一条内地与港澳的联系纽带，更有利于越来越多的人进行商贸、旅游等活动。港珠澳大桥连接的是超过7000万人口的经济区域，港珠澳大桥开通之前年生产总值已达1.4亿美元，珠三角区域经济一体化建设进一步加快。港珠澳大桥建成之后，珠海、中山等珠三角城市可以直接通过大桥前往香港特别行政区和澳门特别行政区，港珠澳大桥作为纽带，扭转从东岸区域发展向东西两岸共同发展趋势。珠三角区域之间共享先进的经济、管理等信息资源，并将珠三角区域经济一体化辐射到更广的范围。以往珠三角主要的竞争力来源于珠三角地区的制造企业，而香港特别行政区主要是依托于其金融贸易中心以及物流中心，港珠澳大桥建设之后，香港特别行政区可以借助于珠三角地区的制造能力，打造既有金融业和物流业，又有制造业的中心，珠三角区域成为香港特别行政区的"工厂"，区域一体化的建设势必扩大珠三角区域的竞争力。而对于珠三角区域来说，港珠澳大桥可以为其引入人才、资金以及信息等。港澳和珠三角可以形成稳定的协同关系，提升珠三角区域的影响力以及国际竞争力。

2. 促进区域协作能力的水利工程

珠三角深圳湾区域协同对于促进经济发展、提升城市竞争力、优化空间布局、改善生态环境以及增强区域合作与交流等方面都具有重要意义。珠三角深圳河项目在珠三角区域协同中扮演了重要角色。该项目是广东省重点建设项目，是粤港澳大湾区互联互通的一项标志性工程，也是推动珠江口东西两岸融合互动发展的重大举措（图9-2）。

深圳河，发源于梧桐山牛尾岭，自东北向西南流入深圳湾，全长37km。界河长度为22km，流域面积312.5km^2，深圳一侧占六成，香港特别行政区一侧占四成。由于河床狭窄，河道蜿蜒，加上海潮影响，洪水宣泄不畅，历史上深圳河两岸经常洪涝成灾。深圳河作为深港界河从河道淤积、河患众多到水清岸绿、水美城兴，深港双城围绕深圳河治理开展了防洪排涝、水环境改善等多个领域的合作，共同造就了如今深圳河风光如画、鱼翔浅底的生态景观。深圳河治理工程是治理深圳河干流及其主要支流深圳湾畔福田河的综合治理工程。该项目主要包括河道的拓宽和整治、水质改善、生态修复、景观建设等。通过这些措施，深圳河项目不仅改善了当地的水环境，还提升了城市的生态环境质量。

图 9-2　深圳河

（图片来源：视觉中国）

深圳河项目促进区域交通互联互通，完善珠三角地区的交通网络，提高区域内的交通便捷性和通达性。这对于促进珠三角地区的经济和社会发展具有重要意义。推动区域生态环境共建共治，改善珠三角地区的生态环境质量，促进区域生态环境的共建共治。通过水质改善、生态修复等措施，项目为珠三角地区的可持续发展提供了有力支撑。深圳河项目所在的珠三角地区是中国重要的经济中心之一，拥有众多优势产业。项目的建设有助于推动珠三角地区产业的协同发展，促进产业链上下游企业的合作与交流，提升整个区域的产业竞争力。

珠三角深圳河项目在促进珠三角区域协同方面发挥了重要作用。增强区域城市间的合作与互动。深圳河项目不仅涉及深圳市，还涉及周边城市。项目的实施有助于增强珠三角地区城市间的合作与互动，推动区域一体化发展，为珠三角地区的可持续发展注入新的动力。

深港联合治理深圳河一期工程主要对料壆和落马洲两个弯段裁弯取直，使水流更加顺畅，以减轻排洪压力。二期工程将罗湖桥以下一期工程之外的其他河段拓宽挖深，构筑河堤，兼顾生态补偿。三期工程将罗湖桥以及罗湖桥以上到平原河口段，拓宽挖深，改管建桥，并对罗湖铁路桥、罗湖行人桥、文锦渡桥、东江供水管等跨境设施进行改建。四期工程主要解决深圳河上游防洪问题，保障莲塘、香园围口岸的使用安全。治理后的深圳河，河道宽阔顺直，堤岸连绵整齐，防洪标准提高到 50 年一遇，经受住了多次超强暴雨和台风的考验，大大降低了洪涝灾害对沿岸经济和两岸发展的影响。更重要的是，通过联合治理，建立了一套行之有效、特色鲜明的合作模式和运行机制，对深港两地的合作具有深远的时代意义。

3.提高保障能力的能源基础设施

珠三角地区能源资源丰富,包括煤炭、石油、天然气、水能、核能、太阳能等多种能源。在能源基础设施方面,珠三角地区具有得天独厚的优势,已经建成了较为完善的电力、油气、新能源等基础设施网络。其中,电力设施以大型火电厂和核电站为主,同时积极发展风电、太阳能发电等新能源;油气设施以管道和储罐为主,保障了珠三角地区的能源供应安全。

在珠三角地区的能源基础设施建设中,区域协同作用具有非常重要的意义。首先,区域协同可以促进能源资源的优化配置,实现资源共享和互利共赢。其次,区域协同可以提高能源供应的安全性和可靠性,降低能源供应风险。最后,区域协同可以促进能源产业的转型升级和绿色发展,推动珠三角地区经济的高质量发展。

广东省政府积极推动珠三角地区的能源基础设施建设,加强区域协同作用。在电力方面,广东省积极推进"西电东送"工程,通过建设高压直流输电线路,将西部地区的清洁能源输送到珠三角地区,实现了能源资源的优化配置。在油气方面,广东省加强与周边省份的合作,共同建设油气管道和储罐设施,提高了能源供应的安全性和可靠性。同时,广东省还积极推动新能源产业的发展,加强太阳能、风能等新能源的开发利用,促进了能源产业的转型升级和绿色发展。珠三角区域天然气基本形成内外环网供气格局。截至2017年,珠三角地区形成进口液化天然气(LNG)、跨省长输管道天然气和海上天然气等"多源互补、就近供应"的供气格局。在深圳大鹏湾、中海油深圳迭福、中海油珠海金湾、中石油二线广东段、珠海横琴岛、高栏港和东莞九丰等建成7个天然气供应项目,供应能力每年可达到401亿 m^3。珠三角天然气主干管网长度达到2200km,依次由西部珠海、江门至肇庆,过清远和从化连接广州,至中东部的东莞和惠州,初步形成珠三角内外环网,连接粤西北地区的输气网络格局。

珠三角地区能源基础设施建设,推动区域协同作用深入发展,为经济高质量发展提供坚实的能源保障。

(三)成渝城市群

成渝城市群是我国西部最大、发展相对较好的内陆城市群,也是我国第四大城市群,目前正在由国家级城市群向世界级城市群发展跨越,这都离不开基础设施的协同发展。成渝地区依托综合交通枢纽和立体开放通道,提高参与全球资源配置能力和整体经济效率,不断完善区域交通网络,增强能源水资源保障能力,加快构建现代化基础设施体系,持续优化生态环境质量和公共服务供给,筑牢长江上游生态屏障，建设包容和谐、美丽宜居、充满魅力的高品质城市群。

1. 推动区域经济持续健康快速发展的航空枢纽

成都天府国际机场位于中国四川省成都市简阳市芦葭镇空港大道，北距成都市中心50km、西北距成都双流国际机场50km、东北距简阳市中心约14.5km，为4F级国际机场、国际航空枢纽、丝绸之路经济带中等级最高的航空港之一。天府国际机场定位为成都国际航空枢纽的主枢纽，是服务成渝城市群的新机场，重点打造国际客货运输航空枢纽。

目前，成都天府国际机场有2座航站楼，建筑面积共71.96万m^2，民航站坪设210个机位，跑道共3条，可满足年旅客吞吐量6000万人次、货邮吞吐量130万t的使用需求（图9-3）。天府国际机场实现旅客吞吐量千万级"三连跳"，于2023年11月23日突破4000万人次，正式跻身全球繁忙机场行列。成都天府国际机场是国内少有实现了综合交通"无缝换乘"的机场，结合陆侧交通高铁、城铁、地铁、长途大巴、城市公交、机场巴士、出租车、网约车、穿梭巴士、私家车、个人捷运系统等交通功能的需求，设计对陆侧资源进行有效整合和优化，有机合理的车流和人流组织，形成了一体化的交通换乘中心，最大限度地实现了航空与其他综合交通运输方式的融合。

首先，从区域协调发展的角度来看，推动成渝地区双城经济圈建设，包括成渝天府国际机场的建设，有利于在西部形成高质量发展的重要增长极，增强人口和经济承载力。这是促进区域协调发展的重要布局，对于推动全国范围内的高质量发展具有重要支撑作用。其次，在全球化和新一轮科技革命和产业变革深入推进的背景下，建设成渝天府国际机场有助于构建以国内大循环为主体、国内国际双循环相互

图9-3 成都天府国际机场

（图片来源：视觉中国）

促进的新发展格局。这不仅可以提升成渝地区的国际竞争力，也有助于推动西部地区甚至全国的经济发展。

此外，成渝天府国际机场的建设还有助于服务构建新发展格局。作为"十三五"期间规划建设的最大民用运输枢纽机场，其正式启用将进一步优化我国西部的航空运输网络，提高区域内的交通运输效率，进一步促进区域经济的发展，通过区域协同，可以实现资源共享、优势互补，推动区域经济的持续、健康、快速发展。总的来说，成渝天府国际机场的建设不仅对于成渝地区，甚至对于整个西部乃至全国的经济发展都具有重要的战略意义。

2.激发城市共同发展活力的生态长廊

成渝城市群，作为中国西部的重要经济增长极，近年来在快速发展的同时，也面临着生态环境保护的挑战。为了促进区域生态环境的持续改善和绿色发展，成渝城市群提出了构建生态长廊的战略构想，旨在通过区域协同的方式，打造一条连接成渝两地的绿色生态走廊。

成渝两地政府联合制定生态长廊的总体规划，明确长廊的布局、功能定位和建设目标。同时，邀请国内外知名生态专家参与规划设计，确保长廊的科学性和前瞻性。沿着成渝交通干线两侧，大规模开展绿地建设和生态修复工程，包括植树造林、湿地保护、景观提升等，形成连续的绿色生态屏障。依托生态长廊，发展生态农业、生态旅游等绿色产业，推动区域经济的绿色转型和可持续发展。

森林和草原在维护国家生态安全、推进生态文明建设中具有基础性、战略性作用，川渝两地山同脉、水同源，在生态建设方面是休戚与共的生态共同体。成渝双城经济圈四川范围内实施营造林245.03万亩，营造"两岸青山·千里林带"76.86万亩，治理岩溶地区1.5万亩。其中渔箭河发源于荣昌区盘龙镇，全长51km，流域面积198km^2，一河跨两省；马鞍河发源于隆昌市界市镇，全长32km，是界市镇与荣昌区盘龙镇、远觉镇的界河。2017年以来，两地围绕跨界河流进行水环境项目建设，实施清淤、护坡整治，生态隔离带试点，构建水清岸绿生态长廊，打造成渝双城经济圈示范节点。

通过生态长廊建设，鼓励和支持成渝两地企业、科研机构、高校等开展生态环境领域的跨区域合作，共同推动生态环境保护技术的发展和创新。长廊连接了成渝两地多个重要生态节点，通过科学规划和精心施工，长廊不仅提升了区域的生态环境质量，还吸引了大量游客前来观光旅游，带动了当地经济的发展。

生态长廊的建设和区域协同工作的推进，使成渝城市群的生态环境质量得到显著提升。绿色生态走廊的形成，不仅改善了区域的生态环境状况，还为居民提供了休闲游憩的好去处。同时，绿色产业的发展也为区域经济的可持续发展注入了新的活力。成渝城市群通过构建生态长廊和推进区域协同工作，实现了生态环境保护和经济发展的双赢，这一实践为其他区域提供了有益的借鉴和启示。

3.强化互保能力的能源基础设施

成渝城市群是中国西部重要的经济增长极和人口聚集区，能源基础设施是城市群发展的基石，对区域经济的协同发展和可持续增长具有重要意义。

随着成渝地区双城经济圈建设不断推进，川渝能源互保能力不断提升。成渝城市群内的能源资源分布不均，但通过区域协同，可以实现资源共享，优化资源配置。例如，四川的水力资源丰富，而重庆的煤炭资源相对丰富，两者可以通过互补方式实现能源资源共享。不同类型的能源具有不同的特点和优势，成渝城市群可以通过能源互补，提高能源供应的稳定性和可靠性。例如，在电力供应方面，可以利用四川的水电和重庆的火电进行互补，以应对不同季节和气候条件下的能源需求。通过区域协同，可以共同规划和建设能源基础设施，避免重复建设和资源浪费。例如，可以共同建设输变电线路、油气管道等基础设施，提高能源输送和分配效率。通过区域协同，可以优化能源结构，提高能源利用效率。例如，可以推广清洁能源和可再生能源的使用，减少对传统能源的依赖，降低能源消耗和环境污染。

目前成渝地区已实现电力水火互济，天然气平峰互保，成品油毗邻互供，可基本实现天然气管道"一张网"，成渝毗邻地区成品油跨省互供每年约30万t。同时，成渝能源产业链发展也在提档升级，在水电开发、页岩气开发、储气库、天然气管道以及能源终端设施建设等领域开展了多方合资合作，共同谋划成渝能源重大项目。能源安全是国家安全的重要组成部分，通过区域协同，加强能源供应的稳定性和可靠性，降低能源安全风险。同时，也可以共同应对能源供应中断等突发事件，提高区域能源安全保障能力。能源基础设施的完善和优化可以为成渝城市群内的企业提供稳定、可靠的能源供应，降低企业运营成本，提高竞争力。同时，能源基础设施的建设和运营也可以带动相关产业的发展，促进区域经济的增长。

二、区域协同基础设施案例启示

区域协同发展的成功，很大程度上得益于运行机制、要素供给机制等方面的全方位保障，统筹重大规划、重大项目、重大政策以及其他重大事项，确保了区域协同发展的有序进行。这种高效的顶层设计和区域合作机制，为其他地区城市群提供了借鉴和启示。高质量的区域一体化需要避免同质化竞争，实现产业合理布局、合作共赢。长三角、珠三角、成渝城市群区域一体化示范区的建设，注重加速创新资源的集聚和共享，打造区域协同创新共同体。这种创新资源的集聚和共享，不仅推动了区域内的科技创新和产业升级，也为其他地区提供了可借鉴的经验启示。

（一）搭建平台推进城市群互联互通

城市基础设施是城市各种生产要素集聚的物质基础，是城市存在和发展的物质条件，在基础设施建设方面需要政府构建区域协同发展的优质环境，才能更好地促进区域基础设施的一体化。都市圈在市场化的基础上进行产业协同发展，通过城市规划、基础设施、区域创新、市场体系、产业合作等一系列经济和战略合作协议实现区域共同发展。

要深刻认识区域一体化发展的新内涵、新要求，按照国家战略和区域总体部署，主动适应国际政治经济格局新变化和国内经济发展新常态，搭建共商、共建、共享平台，推进区域间基础设施的互联互通。通过共联互通的体制机制，保障一体化发展的格局，解决区域协调问题，加速基础设施建设进程。

（二）依托基础设施建设引导区域产业协同错位发展

依托基础设施建设引导区域产业协同错位发展是一种有效的区域经济发展策略。这种策略主要通过优化基础设施布局，以促进不同地区间的产业合作与协调发展，同时避免产业同质化竞争，实现区域经济的错位发展。加强区域产业协同发展，尊重市场规律、把握发展重点，发挥产业集群效应，提高各地主导产业首位度。

在区域经济发展中，不同地区具有不同的资源禀赋和发展优势。通过加大基础设施建设的投入，可以引导产业向具有优势的区域集聚，形成产业集群效应。通过引导产业协同错位发展，可以使各地区根据自身的特点和优势，发展适合自身的特色产业，形成优势互补、协同发展的产业格局。这不仅可以提高整个区域的产业竞争力，还可以避免产业同质化竞争，减少资源浪费。实现区域产业协同错位发展需要政府、企业和社会各方的共同努力，政府应制定科学的区域发展规划，明确各地区的产业定位和发展方向，加强区域间的政策协调与沟通。企业应积极响应政府的政策导向，根据自身的发展战略和市场需求，合理布局产业项目，社会各界也应积极参与到区域产业协同错位发展中来，共同推动区域经济的持续发展。

导 读

新中国成立以来,北京城市基础设施发展紧跟城市建设步伐,紧紧围绕支撑首都功能、完善城市空间布局、服务重大项目等不断发展完善。尤其是改革开放后,首都基础设施发展也迎来了历史性发展机遇,随着中国的城市化进程突飞猛进,基础设施投资建设与社会经济发展基本保持同步,较好地适应了各时期城市发展需求,并在城市空间结构优化方面起到了积极引导作用,为首都经济社会高质量发展提供了重要推动力,有力地支撑了北京夏季奥运会、冬季奥运会、城市副中心建设、京津冀协同发展、延庆世园会等重大活动和首都城市建设。

鉴于此,本篇聚焦首都基础设施发展实践,从区域协同、绿色生态、数字智能、市场化等角度,总结首都基础设施发展历程、发展制约因素和主要经验做法,介绍了北京基础设施领域实施的重大举措和重点项目,为其他城市基础设施发展提供借鉴和参考。

第三篇 实践篇

首都基础设施发展实践综述

随着我国经济的快速发展和城市化进程的加快，首都基础设施建设实现快速发展，已成为支撑城市运行和市民生活的重要保障。首都基础设施发展注重综合规划、科学布局、技术创新和绿色发展，积极推动交通、能源、水资源、生态等领域的建设和升级，以满足城市可持续发展的需求。同时，通过引入市场化改革机制，优化融资渠道，提高建设效率和运营管理水平，为首都城市的功能优化和品质提升提供了有力支撑。

一、首都基础设施发展历程

（一）发展起步阶段

新中国成立初期至20世纪70年代中期，是首都基础设施建设发展的起步阶段。从新中国成立到改革开放前近30年，受国内政治、经济等多方面的影响，这段时期首都全社会投资总规模比较小，虽然基础设施建设投资比例较大，但总体发展不快。1953年首都基础设施总投资1.1亿元占全社会固定资产投资的21.3%，1978年首都基础设施总投资5.4亿元占全社会固定资产投资的23.9%，25年间首都基础设施总投资增长了近4倍。

在此阶段，首都道路交通建设开始起步，20世纪50年代打通了长安街、朝阜路，城市有了横贯东西的主脉，1960—1970年代建成前三门大街和内二环路，构成初步的"环形路"，1953—1978年，北京的城市道路总里程增加1000余公里，增加两座立交桥，增加地铁1号线27.6km，首都道路交通建设初步满足了市民出行需要。水资源开发建设成效初显，形成了以官厅、密云两大水库为水源，以永定河引水渠、京密引水渠，南北护城河、通渠河为渠道的地表供水系统，并在市区修建多座自来水厂，为北京城市发展提供了水源保障。

(二)快速增长阶段

20世纪70年代后期至2005年,是首都基础设施快速发展建设的阶段。20世纪70年代后期开始,北京开始大规模开展城市建设,城市体量急剧扩张,基础设施建设也随之快速增长。改革开放以来,北京市政府不断加大基础设施规划、投资及建设力度,从1979—2005年,北京累计用于城市基础设施建设的投资达到4291.4亿元。特别是1992年以后,全市基础设施投资力度不断加大,年均增长26.4%。"九五"期间北京基础设施投资总额为1382.1亿元,"十五"期间大幅提升至2244.2亿元,增长62%。

在此阶段,首都城市交通建设全面提速。至"十五"末,全市公路总里程达到14557km,城市道路总里程达到4351km,轨道交通通车总里程达到114km,极大改善了首都交通拥堵和出行不便的情况。水资源保护、涵养、配置工作显著加强,实施跨区域集中调水,年新增水资源供应1亿m^3,怀柔、平谷、张坊三处应急供水工程年新增供水能力2.7亿m^3,南水北调北京段工程开工建设,市内配套工程前期工作全面启动,有力地保障了居民生产、生活用水。能源供应能力迅速提高,市内天然气应急供气工程建成投入使用,天然气日接收能力增加1000万m^3,城市集中供热能力增加了1600万m^2,清洁能源占全市终端能源消耗比例接近75%,北京市能源结构逐步优化,保障能力得到大幅提升。城市绿化水平不断增强,城市近郊区绿地面积增加355hm^2,总面积接近2.9hm^2,人均绿地面积达到10m^2,城市绿化覆盖率达到41.8%,城市环境不断改善。

(三)稳步提升阶段

2006—2015年是首都基础设施建设的稳步提升阶段。为建设国际一流的和谐宜居之都,促进首都经济的持续发展,塑造和提升首都城市文明新形象,首都基础设施建设得到进一步完善,同时基础设施建设资金来源渠道更加多样化。2015年,北京全社会基础设施投资增加到2174.5亿元,占北京全社会固定资产投资比重为27.2%。其中能源领域基础设施投入增加到297.3亿元,公共服务业领域基础设施投入增加到494.4亿元,交通运输领域基础设施投入增加到827亿元。

至"十二五"末,首都交通基础设施承载能力继续提升,全市公路总里程达到21885km,城区道路总里程达6423.3km,道路面积达10028.9万m^2,开通轨道交通线路18条,运营总里程达554km,交通基础设施持续建设,出行结构进一步优化。水资源供给保障有序推进，全市水资源总量增加到26.8亿m^3，人均水资源增加到123.8m^3，南水北调中线工程完成供给18.66亿m^3，北京地下水位明显回升，水环境明显改善。能源环保设施建设力度持续加大，持续推进能源结构调整，减少煤炭消费量，1998年以来城六区累计约5.13万t/h的燃煤锅炉改造使用清洁能源，基本实现无燃煤锅炉；万元地区生产总值能耗下降到0.338t标准煤，生产总值能耗下降率从2010年的4.04%提高到6.13%，能源消费结构转型加速推进。

（四）提质增效阶段

2016年至今是北京市基础设施提质增效的阶段。北京市认真落实新版城市总体规划，紧紧围绕"建设一个什么样的首都，怎样建设首都"这一重大时代课题，全力推动首都发展、减量发展、创新发展、绿色发展和以人民为中心的发展，基础设施发展开启了向高质量迈进的新阶段。"十三五"时期全市基础设施累计投入超1.2万亿元，是"十二五"时期的1.4倍，核心区基础设施不断提质升级，城市副中心基础设施框架基本形成，南部地区基础设施加快发展，回天地区、新首钢地区等基础设施不断完善，基础设施的综合承载能力不断提高。

截至"十三五"末，京津冀协同发展在交通领域实现率先突破，大兴国际机场顺利建成投运，北京迈入航空"双枢纽"时代，市域内国家高速公路网"断头路"清零，轨道交通（含市郊铁路）总里程达到1092km，公交专用道里程超过1000km，城市快速路及主干路里程达到1396km，交通承载能力得到大幅提升，市民出行更加便捷，交通基础设施对北京经济社会发展起到重要支撑作用。水资源保障工作继续增强，南水北调累计调水量突破60亿m^3，全市供水能力达到920万m^3/日。河道综合治理迈出新步伐，永定河、北运河等河道综合治理和生态修复启动实施，永定河北京境内河段25年来首次全线通水，水生态健康状况持续改善。能源设施发展更加完善，能源结构持续调整优化，优质能源比重提高到98.6%，2020年单位地区生产总值能耗比2015年累计下降24%左右。城乡供电能力持续提升，建成投运四大燃气热电中心，实现本地电力生产清洁化，全市供电可靠率达到99.995%；燃气供应保障能力不断增强，16个区全部连通管道天然气，平原地区燃气管网实现"镇镇通"。城市绿化发展水平不断提高，城区生态环境质量持续改善，实施疏解建绿、留白增绿，公园绿地500m服务半径覆盖率达到86.8%，全市森林覆盖率达到44.4%，湿地保护恢复与建设稳步推进，恢复建设湿地1.1

万 hm^2，生物多样性显著提高。

二、首都城市基础设施阶段特征

当前，首都基础设施发展由大规模快速建设进入了增量建设和存量提升并重的高质量发展阶段，基础设施的发展呈现以下特征。

（一）基础设施骨架体系基本形成

公共交通体系持续快速发展，轨道交通发展有序推进，市郊铁路累计开通市郊铁路线路4条，轨道交通旅行速度进一步提升、服务范围进一步拓展，廊道式发展效应初步显现；城市轨道交通线网不断加密、形态不断完善，公共交通主导地位初步确立。道路承载能力大幅提升，全市"环线＋放射线"的路网系统初步形成，道路微循环进一步畅通。水资源保障形成新格局，南水北调水已成为保障北京城市用水需求的主力水源，全市16个区全部建成节水型区，单位地区生产总值用水量下降15%左右，节水目标全面实现。生态环境品质持续提升，"一屏、两轴、两带、三环、五河、九楔"的市域绿色空间结构持续完善，各类型、各区域生态空间联系不断加强，以森林为主体、河流为脉络、农田湖泊为点缀、生物多样性丰富的城市生态系统逐步形成。

（二）基础设施建设总体适应社会经济发展需求

基础设施投资与全市社会经济发展基本保持同步，基础设施投资占全社会固定资产投资基本稳定在25%～30%，为推动首都经济社会快速发展提供了重要推动力。基础设施基本形成与城市发展相匹配的投资规模，一批重大基础设施项目建成投运，全市基础设施的综合承载能力不断提高。

（三）基础设施建设更加注重引导城市空间结构优化

区域基础设施建设持续加速，以北京为核心，京津冀地区基础设施网络覆盖能力、水平都有了大幅提升，"轨道上的京津冀"加速建设，铁路客运枢纽布局逐步优化，京沈高铁、京张高铁、京雄城际等铁路开通运营，京津冀城市群轨道快速联系进一步加强。重点区域发展基础不断夯，城市副中心、城市南部地区、未来科技城、园博园等重点区域基础设施建设，在调整北京空间格局、治理"大城市病"、扩展发展新空间、推进京津冀协同发展、探索人口经济密集地区优化开发模式等方面发挥更大作用。基础设施投资更重视郊区新城，近年来，全市基础设施投资增速放缓，城六区基础设施投资基本持平，郊区新城基础设施投资增速均在25%以上，差异化的基础设施投资在一定程度上提升了郊区新城的基础设施水平，促进了中心城功能的疏解。

三、阶段性问题

当前，新阶段新形势下首都发展及区域一体化的发展需求不断拓展，基础设施的发展也面临着一些问题，距离高质量发展的要求依然存在差距。

（一）交通问题依然是影响城市运行效率的重要因素

随着首都的城市化进程加快，在经济社会高速发展的同时，大量人口涌入城市，形成巨大的交通需求，交通问题尤其是交通拥堵依然显著，影响了城市的整体运行效率。主要体现在：

轨道交通建设需要继续加强。市郊铁路建设整体缓慢，与东京等城市相比差距明显，市郊铁路车站既有设施无法很好地适应市郊出行需求，难以实现高频次、连续发车。市郊铁路的地方配套设施不到位，提供接驳服务的地方配套设施建设往往滞后于市郊铁路的建设、改造，不利于与其他交通方式形成良好的协作关系。城市轨道交通建设仍然需要大力推进。目前，北京市城市轨道交通线路不断建设并逐步成网，覆盖范围不断扩大，但全市交通规划建设与东京等国际大都市仍有差距。

城市路网结构及密度有待优化。城市路网结构有待优化，城市道路中快速路、主干路路道实施率较高，主要干道建设较好，低等级微循环道路实施率相对较低，制约了城区道路的整体通行能力。城市集中建设区现状道路网密度较低，既有建成区内微循环道路的新建、改建困难较大。街区道路（支路）完成度较低，依然存在断头路、错口路、瓶颈路、丁字路等，导致道路微循环不畅。城市道路网密度有待提升，根据相关数据测算，北京市城六区城市道路路网密度为5.64km/km^2，核心区（西城区、东城区）路网密度为8.06km/km^2、7.63km/km^2，相比于东京23区（18.8km/km^2）、首尔四中心区（18.5km/km^2）和纽约曼哈顿地区（18.2km/km^2），北京城市道路网密度仍有较大差距；即便与国内的深圳（9.50km/km^2）、厦门（8.49km/km^2）、成都（8.07km/km^2）等城市相比也有一定差距。

综合交通枢纽功能布局和空间融合不尽合理。部分枢纽存在功能布局合理性不足、运营衔接度欠佳的情况，枢纽的乘车与商业功能分区不尽合理，商业功能与换乘乘车空间交叉混合，商业设施影响了换乘和乘车的便利性。枢纽内各功能区的运营管理衔接度不充分，接驳的便利性体验欠佳，车站内换乘出租车、公交车、地铁的便利性不足，出租车候车时间过长，各功能区运营时间协调性有待提升，存在乘坐较晚高铁列车到站下车后，没有公交车或地铁可以乘坐等情况，影响乘客乘车的便利性。公交枢纽、客运汽车站与轨道交通站点的一体化、便利化服务仍有提升空间，交通枢纽连接的站点为周边居民出行服务功能较弱，周边居民乘坐的便利性不足。

地面公交服务水平有待进一步提升。公交线网功能层次需要进一步完善，公交快线相对缺乏，尚没有形成快速通勤网络；接驳轨道站点、大型枢纽等客流集散中心的公交支线不足，并且随着城市空间布局的不断调整，一些新的居住区、功能区缺乏公交线路接驳。地面公交与轨道交通之间缺乏系统整合，在部分轨道客流压力较大的走廊，公交与轨道尚未形成合力，公交对轨道客流的分担能力有待加强；对于轨道运力有富余的走廊，公交线路缺乏调整，部分轨道客流集散点周边，需要加强公交线路的"饲喂"作用，便于客流集散。公交线网分布和客流不均衡现象普遍，一方面，公交线路集中度较高的区域降低了公交的运行效率和效益，同时也加剧了走廊内的交通拥堵；另一方面，随着北京市轨道规模的不断扩大，以及城市空间结构的不断调整，与轨道接驳的公交线路，以及配合新居住小区、新功能区拓展的公交线路相对缺乏，公交服务存在盲区，造成部分乘客出行不便。

停车难问题依然严峻。全市停车位存在的缺口依然很大，随着北京市汽车保有量不断攀升，停车设施供给整体不足，停车位存在较大缺口，停车位中的居住停车位与出行停车位比例不平衡，车辆增长速度与停车位供给矛盾突出，停车难的问题日益凸显，特别是老旧小区、商圈、医院和学校周边等地区尤为严重。停车管理政策效果不显著，停车监督执法体系保障有所欠缺，违章成本相对较低，导致政策效果打折扣，尤其在违章停车方面，占用非机动车道、公共绿地、消防通道等区域停车的现象仍较为普遍，同时，在错时共享停车方面，虽然出台了相关政策，但在实际操作方面进展不明显。

慢行交通的服务品质还有较大的提升空间。步行道和自行车道受侵占严重，部分道路人行道上的各类附属设施严重影响了行人通行路径，且缺少统筹协调。经初步统计，与步行道和自行车道相关的附属设施和交通管理设施共有36类，涉及

30多个职能管理部门，各类设施的规划设计方案自成系统。人性化出行品质有待提高，五环内道路的行道树遮蔽率高于60%的道路占比不足1/3，行人过街不便，缺少无障碍设施，平面过街缺少安全岛，座椅等服务设施不足。一些宽马路、大路口，影响了行人和自行车的便利通行。

交通管理政策需要进一步完善。机动车管理政策精细化程度不足，在机动车总量调控方面，目前的调控政策只针对增量，不涉及存量，机动车总量只增不减；同时，人口密度越高、土地资源越稀缺的区域机动车保有量越高，摇号政策并未针对郊区和城区制定差异性的实施细则，导致新增机动车仍然主要集中在中心城区，进一步加剧了城区的交通压力。非机动车停放无序现象仍较为普遍，自行车停车场或停车点设置不够完善，随着共享单车的大规模投放，在车辆停放需求集中的地区缺少停放空间。

（二）水资源供给和水环境建设影响城市运行安全和品质

水是生命之源、生产之要、生态之基，是支撑保障城乡发展的基础和命脉，是确保城市运行安全高效的基础，水环境更是与城乡居民生活品质密切相关，虽然近年来全市水务设施建设和水环境得到了逐步改善和提升，但距离民众需求还有一定差距。主要体现在：

水资源安全保障问题将长期存在。北京是水资源极度缺乏的城市，全市水资源总量为23.7亿m^3，人均水资源占有量为108.6m^3，仅为全国平均水平的1/18，是世界人均水资源有量的1/70，低于国际公认的人均1000m^3的缺水警戒线，北京水资源依旧处于紧平衡状态，缺水仍是全市基本水情。由于长期持续超负荷开采，地下水储量已存在巨大亏空，历史欠账严重，长期形成的局部地下水漏斗区，依然会在一定时期内存在，需要进一步加强外调水源，但供水依赖外调水，供水稳定性和安全性问题仍然突出。部分地区供水水源单一，极端情况下缺乏适用的应急物资储备。

水环境与高质量发展要求仍有差距。随着三轮污水行动方案实施完成，北京市的污水处理和再生水利用都得到了较大的提升，但城乡接合部等薄弱地区管网覆盖仍不足，仍需要补齐结构短板。全市河道治理工作整体进展良好，中心城区、老城区仍存在大量雨污合流设施，雨季溢流污染现象和部分地区排水设施不完善等导致的污染问题依然存在。

防洪排涝体系建设需进一步完善。目前，全市防洪排涝体系基本构建完成，但永定河、北运河、潮白河等骨干河道堤防尚未全线达标，部分河道、蓄滞洪区行蓄洪空间被占；河湖调蓄和水生态空间部分被占，规划蓄滞洪区未建设或运用困难，行洪能力衰减，调蓄作用和生态功能减弱，中心城区、城市副中心等重要保护对象面临较大防洪风险。部分水务基础设施防灾抗灾韧性偏低，供水排水等基础设施防洪标准偏低。

（三）生态环境建设距离市民需求还有较大差距

城市环境体现城市品质，代表城市形象，是重要的城市名片，而且直接关系民生。近年来，全市园林绿化水平持续提高，但生态环境建设在满足宜居城市建设和市民需求方面还存在一定差距。

园林绿化分布不均衡问题依然突出。从全市园林绿化建设数量来看，园林绿化发展已经到了增速的爬坡顶峰，全市公园绿地面积约3.26万hm^2，园林绿化总体指标和人均指标良好，但全市园林绿化分布存在不均衡性，大量的绿化空间都集中在城市外围，核心区的人均公园绿地面积尤其不足，综合公园分布均匀性不够，存在一定的分布盲区，且公园的品质差距较大。近年来，在核心区进行了一些公园绿地项目的建设，但投入的建设成本和人们的感知度不成正比，从民众感知的角度来看，建成区的公园绿地还是不够充分，不够便利。

生态环境的系统性有待加强。生态环境的构建和提升是一个系统性的工程，但目前整体上尚未形成系统性的规划建设。在生态功能方面，已建成的公园绿地规模效应不强，生态功能系统不连续、不完整，不能在区域层面提高整体生态效益。服务功能发挥也不足，例如郊野公园受制于集体土地的用地性质制约，新城滨河森林公园受制于不征地的开发模式制约，服务设施的用地配置较少，影响了服务功能的发挥，难以满足市民不断增强的多样化需求。

生态空间的功能融合需要提升。目前全市的园林绿化在功能方面还比较单一，以景观生态为主，给市民提供游玩和活动的空间不够，其他功能发挥不充分，且与其他设施的功能融合不足。如已建成的应急避难场所分布在仅占全市公园绿地面积的1.7%，可容纳人数仅为全市常住人口的7.3%。随着人民需求的提升和形势的变化，生态空间的功能融合有待进一步加强，公园绿地和其他基础设施及城市空间的融合发展有较大提升空间。

(四)基础设施的区域协作衔接有待加强

京津冀区域是我国北方最大和发展程度最高的经济核心地区,也是我国参与国际经济交流与合作的重要枢纽与门户,未来将发展成为我国参与国际竞争和现代化建设的重要支撑地区。

交通枢纽缺乏区域内的统筹配合。目前,京津冀区域交通体系呈现以北京为中心的放射状组织结构,这种格局使得区域对外联络及环首都各城市之间的联通过度依赖北京。以机场为例,首都机场旅客吞吐量占整个区域的80%以上,且机场能力已经饱和,而天津滨海、石家庄正定机场能力利用效率仅为35%、25%。缺乏跨越行政区划的沟通协调机制,基础设施建设存在技术等级不一致、建设时序不匹配、运输服务水平落后等方面的问题。

生态共建共治协同推进制约因素明显。从国家层面上看,尚没有制定京津冀区域一体化生态建设整体规划,在绿色生态建设上的支持力度尚显不足,使得京津冀已有的生态合作补偿机制主要停留在林业、水务等部门对接层面,尚未展开全方位、高层次的全面合作。从区域层面看,区域联动联管机制尚未形成,仍然实行属地管理、行政分割的生态环境管理体制;区域生态环保政策标准尚未统一,跨区域生态保护和建设缺乏有效衔接;区域生态环保资金保障机制尚不完善,相比较于严峻的生态环境形势,生态环保资金保障难度日益突出。

水资源跨区协作机制亟待完善。上游地区要求加快发展和下游北京、天津等经济发达地区要求保护水源的矛盾尖锐。区域城镇污水处理厂配套污水收集管网建设和运营管理差异较大,部分污水处理厂的实际污水处理规模尚未达到设计标准。跨省、跨市界的协同监测处置预警和调水补偿等机制尚需建设完善。

第十一章

首都基础设施区域协同发展实践

基础设施与城市的发展密切相关，是城市发挥服务功能的基础条件，对城市空间优化、产业布局和人口要素分布具有重要引导作用，国际大都市普遍具有发达的城市基础设施体系，发达的基础设施也不断吸引着国际要素的聚集，首都基础设施在自身建设发展的同时，也对城市空间布局优化提供了支撑引导。

一、首都基础设施支撑城市空间演变历程

1.新中国成立初期至20世纪70年代中期

新中国成立后，北京城市建设逐步步入正轨。在此时期内，北京市发布了三版城市总体规划。

《改建与扩建北京市规划草案要点》，1949—1953年是北京城市总体规划初步形成阶段，城市总体规划布局体现了继承与发展的思想。在总体规划中旧城保留了棋盘式道路的格局和河湖水系，保持平缓开阔的城市空间，并划定了四合院保护区；在旧城以外则建立环路、放射路系统，并进行合理的土地功能分区，划定办公区、文教区和工业仓库区，配套建设相应的生活区。

1955年，北京市政府撤销了都市计划委员会，专门成立了专家工作室（即都市规划委员会），在1953年草案的基础上，作了进一步丰富与完善，形成了《北京城市规划初步方案》，这个方案对城市基础设施的大骨架均未变动，只是市区用地大大压缩，郊区市镇用地大量增加；方案的实施有效地控制了"大跃进"形势下市区工业过大地发展，分散集团式布局增加了市区绿色空间，有利于生态环境保护。

1959—1961年，国民经济出现暂时困难，规划部门乘城市建设处于低潮之机，对13年来北京规划与建设的实践进行了总结，比较系统地认识到：工业过分集中在市区，造成东郊工业区过挤，南郊过乱，西郊过大，给城市交通、职工生活

带来诸多问题；环境污染日趋严重；工作用房与生活用房比例失调；卫星镇摊子铺得过大、过散；市政建设投资过少，基础设施欠账日趋严重。这些与规划理论和实践紧密结合的实事求是的总结，使规划者们对城市建设规律有了更深刻的认识，但由于历史原因，总体规划被下令暂停执行。从1968—1971年，北京建设在无规划指导下进行，造成了极大的混乱和浪费，规划局的恢复和第三次总体规划修订是在这个背景下提出来的，鉴于当时"文化大革命"尚未结束，虽然13年总结中论及的问题在新一轮总体规划中都提出了对策，但方案上报后被搁置了，直到"文化大革命"结束，修订总体规划的工作又重新提上日程。

2. 20世纪70年代后期至2000年

20世纪70年代后期以后，北京开始大规模城市建设，城市急剧扩张。在此期间，北京市先后发布了《北京城市建设总体规划方案》《北京城市总体规划（1991年—2010年）》，即第四版和第五版城市规划。

为了加强对首都规划建设的领导，中共中央、国务院决定成立首都规划建设委员会，《北京城市建设总体规划方案》提出城市的各项基础设施是建设现代化城市的基本条例，配合城市发展，要集中力量，加快建设，到1990年，要基本解决交通拥挤、电信联络不畅、供电供水紧张等问题，基本实现市区民用炊事煤气化，扩大集中供热，逐步发展家用电器，落实好"六五"和"七五"期间城市基础设施骨干项目的建设计划，使北京城市各项基础设施的状况有一个明显的改善。

《北京城市总体规划（1991年—2010年）》提出，要进一步完善和优化城镇体系的布局，实行城乡统一的规划管理；市区要坚持"分散集团式"的布局原则，防止城市中心地区与外围组团连成一片。要疏解市区，开拓外围，集中紧凑发展；城市建设的重点要从市区向远郊区转移，市区建设要从外延扩展向调整改造转移；要尽快形成市区与远郊城镇间的快速交通系统，加快远郊城镇的建设，积极开发山区，实现人口与产业的合理分布，推动城乡经济和社会协调发展。对于城市基础设施也明确提出，要加快城市基础设施现代化建设步伐，必须采取措施从根本上解决首都水源不足、能源紧缺、交通紧张等重大问题；由原国家计划委员会（简称国家计委）牵头、尽快会同有关部门和地区共同研究，具体落实有关南水北调、陕甘宁天然气进京、京津运河等重大工程的规划建设方案及实施步骤；坚决采取节水、节能和调整产业结构等措施，以缓解水源、能源紧缺的矛盾；加紧实施首都的交通发展战略，落实有关政策，大力发展地铁、轻轨交通及其他大运量公共交通，进一步完善快速道路系统，建设现代化的交通设施，尽快形成现代化的综合交通网络；研究、预测小轿车的发展前景及对城市交通的影响，及早采取必要的对策；进一步搞好首都国际机场的规划和建设，为充分发挥机场的潜力，尽快研究解决北京地区空中交通管制问题；抓紧研究论证，尽快确定首都第二民用机场的选址。

3. 2000年至今

2000年后，北京市在"十五"城市发展规划的基础上，逐步确立了"多中心"式城市空间发展格局，通过在市域范围内建设若干新城，转移中心区人口，化解功能过于集中的压力。为了更好地对北京城市发展进行未来规划，北京市先后出台了《北京城市总体规划（2004年—2020年）》和《北京城市总体规划（2016年—2035年）》。

《北京城市总体规划（2004年—2020年）》是城市快速发展的必然结果，1993年的总体规划提出的目标是到2010年预定人均GDP4000美元，这一目标将于2005年提前完成，城市建设进程的加快，已将一些长远目标提前完成。1993年的总体规划，建设重点仍放在了市区，市区的工业化、人口的增加，开发空间已经饱和，总体规划修编后，北京城市建设重点将向郊区转移。《北京城市总体规划（2004年—2020年）》提出，在城市规划区范围内实行城乡统一的规划管理，根据市域内不同地区的条件，按照统筹城乡发展、调整产业结构、改善生态环境的要求，形成中心城—新城—镇的市域城镇体系，充分发挥中心城和新城的辐射带动作用，合理优化小城镇和中心村的发展布局。中心城的建设要以调整功能、改善环境为主，控制建设规模；加强通州等11个新城的规划，做好顺义、通州、亦庄新城的发展建设，使其成为相对独立、功能完善的城市组团，为有序引导中心城人口和功能疏解与调整创造条件。要按照适度超前，优先发展的原则，建设高效、安全的现代化市政基础设施体系。

2017年9月《北京城市总体规划（2016年—2035年）》正式发布。城市空间结构由"一主一副、两轴多点"，改为"一核一主一副、两轴多点一区"。北京城市的规划发展建设，要深刻把握好"都"与"城""舍"与"得"疏解与提升、"一核"与"两翼"的关系，履行为中央党政军领导机关工作服务，为国家国际交往服务，为科技和教育发展服务，为改善人民群众生活服务的基本职责。按照"一核一主一副、两轴多点一区"的城市空间结构，围绕中心城区、城市副中心和平原新城三个重点区域，逐步形成与津、冀联动发展的格局，基础设施建设也随之拉开了框架。

经过70多年的发展，首都城市空间格局也经历了不同的阶段和变化，顺应了经济社会发展的需要,基础设施也随之进行了一系列的规划建设和调整完善,对城市空间的变化起到了更多的支撑引领作用。

二、制约因素

当前,在城市发展中,基础设施在支撑和引导城市空间布局优化协调方面还存在一些问题。

(一)基础设施对城市空间结构的支撑引导作用不足

区域发展不均衡。城市外围地区欠缺大运量、速度快、通勤化的轨道系统,相较于中心城更高密度、更通达便利的城市轨道交通网络,新城与中心城及周边地区的轨道交通联络仅解决了"有",但没有实现"快",单程通勤时间普遍在60min以上,导致城市空间难以有效拉开。绿色生态空间大量集中在城市外围,核心区人均公共绿色空间面积仅为6.4m^2,绿色普惠程度亟需进一步提升。城市外围城乡接合部及农村地区市政供水覆盖不足,农村集约化供水程度较低,部分地区存在饮水安全隐患。

领域发展不充分。市郊铁路功能缺失尤为明显,目前,市郊铁路数量和运营里程均较少,地铁线承担了过多往返于中心城与新城之间的客流,整体通行效率不足。城市道路网结构不合理,路网密度总体偏低,低等级微循环道路实施率明显低于快速路、主干路道路,除核心区外,其他区集中建设区道路网密度指标距离8km/km^2的目标差距较大,影响整体通行效率。绿色生态系统建设不连续、不完整,城区已建成的公园绿地规模效应不强,覆盖仍有盲区,平原地区生态林未形成稳定系统,山区森林质量不高,各区域生态系统缺乏充分联通,全市绿色生态格局建设有待完善。

重点区域的差异化需求保障不足。核心区基础设施需要强化基础设施对政务功能的保障能力,城市副中心基础设施框架需要尽快建设完善,平原新城、生态涵养区基础设施对区域发展的引领带动能力需要增强,三大科学城、大兴国际机场临空经济区、新首钢地区等重点功能区的基础设施建设速度与区域发展协调性有待加强。

(二)基础设施的建设管理水平与城市发展要求有差距

"大城市病"有所缓解但仍未根本解决。中心城区道路长期处于轻度拥堵状态,医院、学校、大型商圈等典型区域拥堵问题突出，从源头上科学调控城市动静态交通、合理引导居民出行结构优化的政策措施仍不完善。停车供需矛盾依然突出，引发的停车难、秩序乱等问题尚未得到彻底改观，现行政策未能有效调动闲置车位资源，智慧管控手段及立体化设施应用不足。城市河道环境污染问题仍未彻底解决，特别是城市面源污染问题成为未来水环境的首要问题，老城区仍存在大量雨污合流设施，部分地区排水设施不完善，雨季溢流污染未能有效控制。

资源能源保障"紧平衡、缺弹性"。多元外调水格局尚未形成，南水北调东线进京还在规划阶段，中线工程供水范围有待扩大，缺水仍是基本市情水情。城市电网可靠性与国际城市对比仍有较大差距，本地电源结构单一，可再生能源装机比重偏低，主干电网结构建设较为缓慢，局部区域电网结构薄弱，外受电能力仍需提升。天然气保障能力亟待加强，气源供给源头单一，储气调峰保障主要依靠外部，气荒风险长期存在。热电气联调联供难度较大，中心大网供热运行与电力调峰矛盾仍然突出，冬夏季天然气用量峰谷比接近7:1，供气调峰存在压力。"黑启动""黑火柴"等能源应急设施不足，重要用户自备应急电源比例较低，面对重大突发事件的应急处置和恢复能力有待提升。

精细化、智能化管理水平仍有较大提升空间。市容环境整治仍存在死角和盲点，背街小巷、城市边角地、城乡接合部等区域环境乱象仍然存在，城市架空线、各类杆体影响公共空间环境风貌。城市大脑中枢尚未建成，水、电、天然气、供暖计量器具未完成智能化改造，管线等设施运行情况及问题感知神经元铺设不足，城市运行及基础设施数据"信息孤岛"仍未打破，未能充分发挥数据效能支撑各类基础设施及城市运行的智能化监控、决策及管理。

（三）基础设施的服务品质与城市生活需要有差距

基础设施服务的便利性和舒适性不足。绿色惠民方面还有很大空间和潜力，园林绿地景观缺乏系统设计，设施功能较为单一，休闲健身、亲子娱乐等服务设施短缺，从民众感知的角度来看，建成区的公园绿地还是不够充分便利。慢行交通环境不够友好，综合交通枢纽、公交及地铁站点周边自行车停车设施不足，自行车出行不够便利，人性化街道家具设置不足，市民步行舒适度不高。地面公交服务水平与居民期望差距较大，服务可靠性和效率都有待提升，定制公交、微循环公交线路仍然较少，难以有效满足乘客"最后一公里"出行需求。

服务安全保障仍需持续加强。城市防洪排涝体系仍需建设完善，骨干河道堤防尚未完全达标，中小河道存在防洪短板，部分新城、城乡接合部、老旧小区排涝标准低，排水设施建设存在薄弱环节，城市内涝积水隐患仍未消除。慢行交通的路权分配和保障尚有欠缺，自行车和步行网络不连续，部分路口信号控制不合理、缺少安全岛等过街设施，影响慢行出行安全。中心城尤其是核心区老旧小区居民供电、供热、供气安全隐患仍然突出，专业管线消隐改造需要持续推进。

（四）基础设施与城市功能融合不充分

各类基础设施功能融合有待进一步拓展。现状城市蓝网、绿道及城市慢行系统功能缺乏有效整合，尤其是亲水步道、滨水空间等系统较为封闭独立，与其他系统连通性不强，居民使用不够便利，同时在一定程度上造成了空间资源浪费。部分亲水步道空间狭窄，缺乏高品质绿化，座椅、观景平台等服务功能设施供给不足，不能充分满足居民对于游憩、垂钓等多样化的亲水新诉求。城市公共绿色空间功能较为单一，未能通过合理实施空间复合利用兼容应急避难、停车等设施功能。

轨道站点未与周边城市功能有机结合。交通建设与城市开发建设衔接不畅，缺乏空间和功能布局上的整体统筹规划，导致枢纽与周边用地的一体化开发程度不高，大多轨道站点及枢纽仅承担较为单一的交通功能，缺乏商业、居住、办公等配套城市功能，且与周边建筑缺乏直接连通，自身枢纽作用发挥受限，难以充分带动周边用地高效利用。

（五）交通设施的支撑作用仍需进一步提升

首都强中心、放射状区域交通网络格局尚未实现本质转变，历史上形成的航空、铁路、公路交通枢纽地位，一方面，造成了区域内交通基础设施不均衡发展，逐步形成了单中心、放射状的区域交通网络；另一方面，首都交通功能过度聚集，又进一步强化了首都的交通枢纽地位，使首都承担了过多的区域交通中转、过境功能，难以支撑功能疏解。航空"双枢纽"客货运输能力仍需恢复提升，尚未建立空铁联运模式，服务京津冀地区的客货运能力有待提升。区域铁路互联互通水平仍需提高，与"一核双城三轴四区多节点"发展格局不相适应，不仅加剧了北京市的"虹吸效应"，也造成区域其他城市交通支撑不足。"八站两场"与城市交通接驳换乘条件不足、效率不高。联系城市副中心与北三县的普通公路瓶颈路段建设需进一步提速，进京检查站效率亟待提升。

三、主要做法

北京市大力推动市域范围内基础设施与城市空间协调发展、协同发力，不断实现主副（主城区与副中心）协调发展、内外（主城区与平原新城）协调发展、南北（主城区南北）协调发展、城乡协调发展。

（一）优化提升中心城品质，发挥引领示范作用

北京市中心城区是全国政治中心、文化中心、国际交往中心、科技创新中心的集中承载地区，是建设国际一流、和谐宜居之都的关键地区，是疏解非首都功能的主要地区，借鉴国际经验，北京中心城建设突出中心城区的集聚效应，发挥其对周边的辐射、带动作用，以治理"大城市病"为切入点，保障基础设施品质的优化提升。

改善中心城区出行环境。积极推动重点路口路段交通组织优化，根据重要路口路段交通流量变化特点，结合道路疏堵工程建设，科学调整机动车车道宽度。大力推广"互联网＋"办公模式，鼓励重点功能区内企业实施弹性工作制，力求从源头上减少高峰时段交通出行。加密轨道交通线网，重点解决线网结构瓶颈和层级短板问题，加强轨道交通枢纽及车站地区一体化的规划建设，改善交通换乘条件。通过提高集中建设区规划道路网络密度和规划道路实施率，优先保障步行、自行车和公交出行空间。

增加中心城区绿色空间。加强对既有绿色空间的保护和提升，并通过公园绿地开放共享等多种手段，增强绿色空间的可达性。通过腾退还绿、疏解建绿、见缝插绿等途径，利用中心城区疏解腾退空间进行公园绿地、活动广场建设，同时提高空间绿化效率，建设城市绿道、优化滨水空间、拆墙见绿，以绿色空间体系修复提升作为中心区还原古都风貌，搭建历史文化景观网络的重要抓手。

恢复中心城区历史水系。重点保护、修复与北京城市历史沿革密切相关的河湖水系，在逐步恢复北京历史名城风貌的同时，为市民提供良好的人文空间和生态景观环境。在中心区构建由水体、滨水绿化廊道、滨水空间共同组成的中心城区蓝网系统，通过改善流域生态环境，提高滨水空间品质，将蓝网建设成为服务市民生活、展现城市魅力的靓丽风景线。

（二）提升城市副中心建设标准，促进主副协调发展

北京城市副中心为北京新两翼中的一翼，在实践中将基础设施建设作为打造国际一流和谐宜居之都示范区、新型城镇化示范区和京津冀区域协同发展示范区的重要支撑。同时，遵循中华营城理念、北京建城传统、通州地域文脉，构建蓝绿交织、清新明亮、水城共融、多组团集约紧凑发展的生态城市布局，形成了"一带、一轴、多组团"的空间结构。

建设蓝绿交织的生态城市。通过构建大尺度绿色空间，实现了城绿融合发展，在副中心持续完善"一心、一环、两带、两区"的城市绿色空间格局。以降低副中心区域河流水体污染物浓度为主线，推进各类水污染治理工程，强化各类污染源治理，全面改善河流水体环境质量。顺应副中心现状水系网络，科学梳理、修复、利用流域水脉网络，建立区域外围分洪体系，形成上蓄、中疏、下排多级滞洪缓冲系统，涵养城市水源，将北运河、潮白河、温榆河等水系打造成景观带。

高标准规划建设体系完善的交通基础设施。构建以城市副中心交通枢纽为门户的对外综合交通体系，打造以集约化轨道交通为主，多种交通方式协调共存的复合型交通走廊。通过京唐城际、京滨城际和地铁6号线东延等轨道工程加强与廊坊北三县地区联系，构建了大运量公共交通系统，降低了交通拥堵现象。织密内部道路网，与既有线路构成副中心路网骨架，打通路面节点，完善微循环。

集成应用城市建设新理念。应用海绵城市、综合管廊等新技术、新理念，实现了城市功能良性发展和配套完善。按照先规划、后建设的原则，科学布局了一批综合管廊，在城市副中心普遍形成地下空间综合开发与综合管廊同步建设的格局。先行建设海绵城市试点，充分利用通州五河交汇的特点，重视生态道路及绿色建筑建设，与绿色空间和河湖水系紧密协调，并在设计中注重与通州历史文脉结合。

（三）加强平原新城综合承接能力，保障内外协调发展

顺义、大兴、亦庄、昌平、房山的新城及地区，是首都面向区域协同发展的重要战略门户，也是承接中心城区适宜功能、服务保障首都功能的重点地区，通过强化区域基础设施内部的体系构建，建立了与中心城和副中心间的完善交通网络，增强了平原新城的承接能力。

顺义新城。依托首都机场优势，强化交通基础设施建设，使得新城交通体系不

断完善。以重构行政副中心以北的路网结构为重点，加快东北部路网建设，持续完善机场周边路网和跨河交通，提高了道路服务水平。通过统筹规划实施新城水系连通工程，构建新城绿色水系，形成了山水相依的优美自然景观。

大兴新城。借北京大兴国际机场发展机遇，增强交通基础设施连通，建成北京大兴国际机场综合交通枢纽，实现了客运零距离换乘和货运无缝化衔接。加强与北京中心城和副中心的快速通达，同时建设与雄安新区以及河北其他周边省市的城际通道，保障临近区域的快速通达。通过环境整治和腾退集中建设区外的低效集体建设用地，保障实现城镇组团间的生态绿色空间，改善生态环境品质，为市民提供了宜人的绿色休闲空间。

亦庄新城。通过发展交通体系支持国家级开发新区建设，大幅提升通勤主导方向上的轨道交通和大容量公交供给，完善主要功能区、大型居住组团之间的公共交通网络，提高服务水平，缩短通勤时间。开通京津城际亦庄站，创建北京面向京津走廊的亦庄转运门户，在站前规划了服务北京、面向区域的大型公共中心。推进TOD模式发展，围绕交通廊道和大容量公交换乘节点，强化居住用地投放与就业岗位集中，建设能够就近工作、居住、生活的城市组团。通过增加新城绿色空间，提升城市生态环境，丰富市民绿色休闲空间，营造了自然优美、可亲可近的生态环境。

昌平新城。为服务未来科学城建设，推进轨道交通与地面公交一体化，构建了方便快捷、畅通有序的公共交通客运网络。加大轨道交通建设力度，推进昌平线的延伸及与其他线网的接驳工作。全面提速重点道路建设，完善"六纵八横十一联络"的主干路网体系，提高道路畅通率，加强区内重要组团之间及与周边区县的交通联系。多层次构建生态体系，紧抓京津冀生态协同共治的有利契机，统筹推进山区绿屏、平原绿网、城市绿景、景观水系建设，逐步形成了"绿肺、绿轴、绿带、绿网"相互交织的绿地系统和生态景观。

房山新城。依托京津冀城际铁路网络体系，建设立体化、多层次的轨道交通，形成"两横两纵"为骨干的区域轨道交通网络体系。以打通高速公路断头路、消除国省干道瓶颈路段为主要措施，建成了与大兴国际机场紧密联系的两横一纵的道路交通体系，同时加强与河北省临近市县的道路交通联系。强化大容量快速公交系统在房山区和中心城之间复合交通走廊中的骨干地位，建立快速公共交通系统，形成了高水平的公共交通服务体系。健全城市绿色空间体系，打通九条连接中心城区、新城及跨界城市组团的楔形生态空间，形成了联系西北部山区和东南部平原地区的多条大型生态廊道。加强植树造林，提高森林覆盖率，构建起生态廊道和城镇建设相互交融的空间格局。

（四）改善南部地区基础设施条件，促进南北协调发展

通过多轮城南行动计划的制定和实施，持续加大南部地区基础设施建设力度，着力改善南北发展不均衡的局面，城市南部地区迎来了高速发展，交通系统更加便捷高效，生态环境持续改善，基础设施体系功能不断完善。

提升城南交通系统建设规模和连通性。注重交通基础设施建设，补充城南地区短板，充分发挥城南作为"一核两翼"腹地的区位优势，通过铁路线路和站点的建设加强与雄安新区的联系，为地区发展寻求动能。依托北京大兴国际机场和临空经济区发展机遇，借助重大交通设施重构空间布局，并通过建设公路和轨道交通相结合的过境通道，加强与中心城区和副中心的交通联系。依托交通干道打破行政区划的限制，促进地理位置比较靠近的组团融合发展，发挥整体集群的作用。

改善生态环境品质。通过落实国家永定河综合治理与生态修复战略，推动城南地区与永定河交融互动，构建了蓝绿交织、秀美怡人的城市南部生态走廊和带动两岸、辐射区域的绿色发展轴线。持续推动永定河生态功能恢复，通过落实《永定河综合治理与生态修复总体方案》，加快推进万家寨引黄工程等项目，为恢复永定河溪流—湖泊—湿地相连通的生态系统提供了水源保障。依托永兴河蓄滞洪区等，通过加大湿地建设力度，同步推进城市森林、郊野公园、滨水绿道建设，为城南地区打造了一条林水相依、水城交融的绿色生态廊道。

（五）推进城乡基础设施一体化，带动城乡均衡发展

紧密结合"美丽乡村"理念，对农村和城乡接合部地区基础设施建设进行统筹安排、优化配置，促进了生态保护、环境治理、旅游开发和城郊集约化发展，为建设"生产发展、生活宽裕、乡风文明、村容整洁、管理民主"的北京新农村地区提供了重要保障。

构建覆盖城乡、优质均衡的基础设施体系。针对北京城乡二元结构问题，突出基础设施城乡统筹规划，适当超前规划农村基础设施，推进农村道路、公共交通、供排水设施、环卫设施建设，提升农村基础设施通达水平，实现市政交通服务全覆盖，并通过提高建设标准，推动北京市农村基础设施与城镇地区接轨。在相对落后区域优先发展交通基础设施，通过与对外交通干线的连通纳入整体市域交通网络，

修补基础设施断层，为解决地区发展不均衡提供了重要支撑。持续提高农村和城乡接合部地区的基础设施管理水平，完善建设后运营和维护机制，改变"重建设、轻养护"的现状，促进了农村和郊区基础设施建设、运营标准与城镇区域的对标。

打造生态绿色城市郊区。通过实施基础设施减量提质增绿，不断改善城乡接合部"脏乱差"现状。注重生态保护与生态修复，加大生态环境建设投入，鼓励废弃工矿用地生态修复、低效林改造等，加强垃圾处理和水污染治理，提高农村生态环境规模和质量。

全面提升乡村旅游基础设施服务水平。依托京郊平原、浅山、深山等地区的山水林田湖等自然资源和历史文化古迹等人文资源，结合不同区域农业产业基础和自然资源禀赋，完善旅游基础设施，提高服务水平，打造平原休闲农业旅游区、浅山休闲度假旅游区和深山休闲观光旅游区。推动乡村旅游目的地周边的环境治理，推进登山步道、骑行线路和景观廊道建设。完善绿道体系，形成由文化观光型绿道、带状廊道游憩型绿道和河道滨水休闲型绿道共同组成的绿道体系。将乡村旅游培育成为北京郊区的支柱产业和惠及全市人民的现代服务业，将乡村地区建设成为提高市民幸福指数的首选休闲度假区域。

（六）推进京津冀基础设施一体化，打造世界级城市群

京津冀地区是我国三大城市群之一，相比起珠三角和长三角，京津冀的经济实力相对弱一些，经济联系与协作程度最低。为了加强环渤海及京津冀地区经济协作，我国提出了京津冀协同发展和一体化概念。十年来，三地着力推进交通基础设施建设和互联互通，推动京津冀交通一体化从"蓝图"到"现实"。

推进交通基础设施一体化发展。交通一体化是京津冀协同发展的先行领域，加快构建三地快速、便捷、高效、安全、大容量、低成本的互联互通综合交通网络，可以为京津冀协同发展提供坚实基础和保障条件。"轨道上的京津冀"加速建设，落实《京津冀核心区铁路枢纽总图规划》，持续推进干线铁路、城际铁路、市郊铁路建设，京沈高铁、京张城际、京雄城际、京港台高铁、津兴城际铁路等轨道交通线路陆续开通运营，京津冀城市群轨道快速联系进一步加强，基本实现京津雄核心区半小时通达、中心城区到毗邻城市时间缩短至1h、主要枢纽到津冀主要城市时间缩短至2h，以北京、天津为核心枢纽，贯通连接河北各地市的全国性铁路网已基本形成。在京津冀地区优化北京铁路枢纽功能布局，同步开展火车站配套城市交通枢纽建设，京张高铁配套清河火车站、北京朝阳站、丰台站改造等铁路枢纽工程完工，逐步实现了高铁、城际铁路、市郊铁路与城市轨道交通在重要枢纽节点的同站换乘。环首都"一小时交通圈"逐步扩大，京雄高速、京台高速、京秦高速、首都地区环线高速（通州—大兴段）、大兴国际机场高速等一大批高速公路建成通车，北京市域内国家高速公路网实现断头路全部清零。京津冀地区已经基本形成了"四纵四横一环"交通格局（"四纵"包括京雄通道、京沪通道、沿海通道、京承—京广通道；"四横"包括津雄保通道、京秦—京张通道、石衡沧通道和秦承张通道；"一环"即首都地区环线通道）。大兴国际机场顺利建成投运，北京迈入航空"双枢纽"时代，通过持续统筹"一市两场"资源配置，不断朝着协调发展、适度竞争、具有国际一流竞争力的"双枢纽"机场格局迈进，为推动京津冀机场建设成为世界级机场群打下了良好基础。

构建一体化的区域生态系统。近年来，京津冀在生态领域一体化方面取得新进展。重点生态工程和平原造林加快推进，完成100万亩造林任务，实施京冀生态水源林建设40万亩，完成坝上地区122万亩退化林分改造，支持雄安新区生态建设，在廊坊、保定等区域完成造林绿化4万亩。全方位扎实合作推进协同治水，西部引黄补水通道正式打通，祖国母亲河黄河与北京母亲河永定河实现历史性连通，京津冀三地水路贯通，首都多源共济的水资源保障格局加快形成。积极推动跨界河流治理，完成拒马河北京境内平原段治理等工程，全面启动永定河综合治理与生态修复工程，开工建设北运河（通州段）综合治理工程，界河段水生态环境不断修复向好，出境断面全面消除劣Ⅴ类水体。创新开展与张承地区水生态保护合作，支持密云水库上游河北省两市五县完成600 km^{2}生态清洁小流域建设，改善张承地区生态环境，保护饮用水源，协同联动推动密云水库水质稳定达到饮用水源要求。

四、实践案例

（一）"一核两翼"建设——城市副中心

1.规划建设背景

2014年2月26日，习近平总书记视察北京，深刻分析指出，北京从新中国成立初期的陈旧古都发展成现代化国际大都市，历经沧桑巨变，同时也患上了令人揪心的"大城市病"。根本原因是功能过多并过度集中于中心城区，导致人口无序增长，人口与资源环境、公共服务紧平衡矛盾日益突出，根本出路是确立新的城市战略定位，抓住疏解非首都功能这个"牛鼻子"，推动京津冀协同发展。要突出和强化北京作为全国政治中心、文化中心、国际交往中心、科技创新中心的首都核心功能，集中力量打造城市副中心，作为疏解非首都功能的重要承载地，构建功能清晰、分工合理、主副结合的新格局。

北京城市副中心是为调整北京空间格局、治理大城市病、拓展发展新空间的需要，也是推动京津冀协同发展、探索人口经济密集地区优化开发模式的需要而提出的。规划范围为原通州新城规划建设区，总面积约155 km^2。外围控制区即通州全区约906 km^2，进而辐射带动廊坊北三县地区协同发展。

2.规划建设内容

轨道交通方面，规划建设站城一体的城市副中心站综合交通枢纽，推进高速铁路、城际铁路、区域快线和城市轨道"四网融合"；规划建设17号线（城市副中心段）、M101线、M103线和M104线等多条轨道交通线路，未来将形成"一环六横四纵"的轨道交通格局。城市内部，打通城市断头路，推进微循环道路建设，加强运河商务区、张家湾设计小镇、台湖演艺小镇、宋庄艺术小镇等区域内外交通快速联系，打造城市景观大道，将形成"十一横九纵"骨干路网体系。慢行系统方面，建设自行车友好型城市，打通堵点、断点，沿河、沿绿、沿路建成连续舒适的慢行大网络，并规划建设"城市风轮"通惠河沿线自行车专用路示范项目。为补足基本车位缺口，建设通马路交通枢纽停车场等多个公共停车场，试点研究利用地下空间、桥下空间建设社会公共停车设施；创新停车管理机制，推动政府机关、学校等专用停车场有偿错时共享；建设停车换乘（P+R）设施和智慧停车平台，科学引导停车。

生态建设方面，规划建设北运河亲水风景长廊，规划建设城市沙滩；优化滨水空间功能，在温榆河、凉水河等主要河道配建生活游憩、商务休闲、旅游观赏、自然郊野、历史文化等功能区；改善滨水交通，增加直达河岸通道，促进滨水空间回归居民生活。规划建设环城绿色休闲游憩环上的公园，城市绿色链实现合拢。规划构建尺度宜人、慢行舒适的社区级绿道，实现社区公园与小微绿地的广泛联系；升级绿道设施服务，强化绿道的体育健身、文化体验、风景休闲、慢行通勤功能，加强沿线驿站、标识等设施的配套建设。利用城市边角地、废弃地和闲置地等建成一批口袋公园；推动绿色空间与体育、文化等城市功能复合利用，建成一批主题文化公园（图11-1）。

绿色能源应用方面，规划构建可再生能源优先、以城市热力网和区域供热为主、分布式供热为补充的绿色供热体系；创新绿色能源应用示范，建成城市副中心站综合交通枢纽多能耦合能源系统和城市绿心可再生能源综合供热系统。

图 11-1 通州城市副中心北运河千荷泻露桥

（图片来源：视觉中国）

智慧应用方面，统筹推进智慧杆塔等感知底座建设，实现多种设备和传感器"一杆多感"综合承载。推动全域智能信号灯"绿波调节"，利用大数据动态优化信号灯配时方案，提升通行体验。

3.重要意义

规划建设北京城市副中心对于落实首都城市战略定位和建设以首都为核心的世界级城市群，推动京津冀进入高质量发展新阶段，具有十分重大而深远的意义。

规划建设北京城市副中心，是"建设一个什么样的首都，怎样建设首都"这个时代课题的必然要求。城市副中心于北京三千多年建城、八百多年建都的千年历史既有承继又有创新，将为北京开创未来千年前景奠定新格局、注入新动力，因而也是北京建城立都以来具有里程碑意义的一件大事。

建设城市副中心是北京城市空间格局从"单中心"向"多中心"调整优化的重大举措。建设城市副中心是疏解非首都功能的一项标志性工程，不仅可以为党和国家在北京首都功能核心区更好布局"四个中心"功能腾挪空间，也将为主城区和副中心广大人民群众提供更优质的生活服务空间；不仅有助于中心城区公共服务资源向其他人口密集区更均衡配置，还将为包括副中心在内的北京市各区及周边新城增强要素特别是人才吸引力创造条件；不仅是中心城区向副中心疏解非首都功能，也通过大力建设交通和信息基础设施建立了主副之间更紧密的互通互联关系，使发展副中心与保障核心区得以更高效统筹。

规划建设北京城市副中心,也是推动京津冀协同发展国家战略的关键之举。京津冀协同发展战略,从短期看,是缓解三地人口、资源、环境压力,避免产业同构发展和恶性竞争,统筹优化资源配置,推动区域经济转型升级的迫切需要;从长期看,是激活区域发展后劲,加快协同发展步伐,实现京津冀优势互补、促进环渤海经济区发展、带动北方腹地发展、提升区域综合竞争力的有效途径;从国内看,是优化国家发展区域布局,打造"珠三角""长三角"外第三区域经济增长极,实现南北经济互补,东、中、西经济协作,形成我国经济增长和转型升级新引擎的重要举措;从国际看,是我国参与全球竞争和国际分工,实现新丝绸之路战略下对东北亚、中亚以及欧洲等地区的全方位开放,提升国际影响力,打造世界级城市群的必然选择。

(二)"一市两场"建设——大兴国际机场

1.规划建设背景

在京津冀中部核心区位布局建设北京大兴国际机场,是党中央、国务院着眼打造以首都为核心的世界级城市群作出的重大决策部署。习近平总书记高度重视北京大兴国际机场的规划建设,多次作出重要指示。

在建设大兴国际机场之前,北京已拥有首都机场和南苑机场两座民用机场。首都机场为4F级机场,南苑机场仅是一座4D级的机场,两座机场吞吐量差距悬殊。首都机场旅客吞吐量在2018年突破一亿人次,而南苑机场旅客吞吐量在同年只有650万人次。

首都机场自建成后历经多次改造扩建,2010年首都机场的旅客吞吐量达到了近7400万人次,远远超过了当年所预计的吞吐能力。到了2012年已经超过了T3扩建的终端设计能力,达到了约8200万人次。此后多年时间里,首都机场一直是以超负荷的状态在运行,巨大的客流压得首都机场不堪重负,繁忙的机场还给周边地面交通带来了很大的压力。根据预测,北京地区的航空客运需求量到2025年为1.5亿人次,2040年为2.35亿人次。依靠现有的机场已经无法满足需求,新机场的建设已经迫在眉睫。

北京大兴国际机场的规划,从20世纪90年代就开始酝酿,可以说是世纪工程。选址工作始于1993年,选址历经多次变化。2014年12月15日,国家发展改革委批复同意建设北京新机场项目,总投资799.8亿元,机场场址确定为北京市大兴区与河北省廊坊市广阳区交界处，涵盖大兴区榆垡镇和礼贤镇以及廊坊市广阳区团城村东；同年12月26日，北京大兴国际机场正式开工建设。

2019年新机场建成投运，命名为北京大兴国际机场。北京大兴国际机场及临空经济区涉及京冀两地，位于京津冀区域以及北京中心城区、北京城市副中心、河北雄安新区的地理中心，同时位于北京南中轴延长线上，距离北京中心城区约45km，距离北京城市副中心约55km，距离河北雄安新区约65km。得天独厚的地理位置决定了它不仅是北京的机场，也是雄安新区的机场，更是京津冀共同的机场。不仅可以满足北京居民的要求，也同时覆盖河北、天津等地旅客出行的需求。以大兴国际机场为圆心，一小时公路圈可以覆盖7000万人口，包括北京、天津、廊坊、保定、唐山、雄安新区、涿州、张家口、承德等；两小时高铁圈覆盖1.34亿人，包括石家庄、秦皇岛、邢台、邯郸、衡水等；三小时高铁圈覆盖人口2.02亿人，包括沈阳、青岛、郑州、太原、烟台等。大兴国际机场将成为引领综合交通发展的新枢纽、雄安新区建设的新动力、京津冀协同发展的新引擎。

2.规划建设内容

（1）机场建设内容

大兴国际机场航站楼形如展翅的凤凰，航站楼为五指廊的造型，像是5条腿的放射形，这个造型更加便利旅客（图11-2）。整个航站楼面积为78万m^2，有82个登机口，但是旅客从航站楼中心步行到达任何一个登机口，所需的时间不超过8min。机场可满足2025年旅客吞吐量7200万人次、货邮吞吐量200万t、飞机

图11-2　北京大兴机场高空航拍全景图

（图片来源：视觉中国）

起降量62万架次的使用需求。机场选址的位置在北京、天津和雄安中间的位置上，除了高速公路外，机场地下巨大的轨道交通网可以把京津冀周边的旅客快速运达。共有5条轨道线路在机场外围整合并列为一组，沿新机场中轴贯穿航站区，依次分别是，京霸城际、机场快轨、R4/S6、预留线和廊涿城际。机场的地下东西两侧是城际铁路和高铁，中间3条是机场专线和地铁。

大兴国际机场采用"双层出发车道边"设计，把传统的平面化的航站楼变成了立体的航站楼，传统的航站楼只有出发和到达两层，大兴国际机场实际上是四层航站楼，出发和到达分别是两层，相当于把平房变成楼房，整个机场因此节能集约。考虑到高铁会以300km的时速从航站楼下方穿过，为了有效缓解地下轨道运行的振动对航站楼运行的影响，技术人员专门设计了横间的隔振技术，机场航站楼的每个柱子在地上、地下的交界处都支了一层橡胶垫，这也使大兴国际机场成为全球最大的隔振建筑。

（2）配套交通建设

相比首都国际机场，大兴国际机场与中心城区的距离更远，但从中心城区到大兴国际机场提供了多种快速的交通出行方式，通过城际铁路、高速公路、轨道交通，为市民提供多种便捷的出行选择；此外，连接了多个重点区域和城市，通过骨干交通网络建设，进一步加强中心城区、城市副中心、雄安新区、天津、保定、廊坊的交通联系。这得益于在大兴国际机场选址时就敲定要与配套交通方式统一规划、同步建成，在编制北京大兴国际机场的规划方案之初，就充分借鉴国内外先进经验，统筹考虑未来城南地区及京津冀区域发展，提出了集铁路、城市轨道交通、高速公路于一体的综合交通方案。

高速公路建设。"五纵两横"中包括四条高速路，这四条高速路中三条都是南北走向，可以实现与三环路、四环路、五环路的"接驳"。从南三环和南四环，可以直接进入京开高速。从南五环可以直接走京台高速、大兴国际机场高速。其中京台高速北京段已于2016年底建成通车，大兴国际机场高速起点为南五环团河桥，终点至北京大兴国际机场北侧围界，全长27km，双向八车道，2019年9月底随机场同步建成投用。串联三条南北走向高速的是东西向新机场北线高速，西起京开高速，东至京台高速，按双向八车道标准建设，全长14.8km，未来这条高速路还会继续向东西延伸。

轨道交通建设。建成通车京雄城际铁路，该铁路起自既有京九线李营站，向南经北京大兴区、北京大兴国际机场、河北省廊坊市固安县、永清县和霸州市，终到雄安新区雄安站，共设5座车站，线路全长约92km。京雄高铁的南端与雄商高铁衔接，是雄安新区连接北京、天津、石家庄等地的重要快速通道。新机场还配套建设了城际铁路联络线一期工程，即廊坊东至新机场段，未来这条铁路的二期工程还将把大兴国际机场与首都机场连接起来。

建成通车轨道交通新机场线一期工程，该线路南起北京大兴国际机场，北至丰台区草桥站，全长41.4km，沿线共设3座车站，分别为北京大兴国际机场站、大兴新城站、草桥站。新机场线二期工程南起丰台区草桥站，北至丽泽金融商务区站，全长3.5km，在丽泽金融商务区随车站建设城市航站楼一座，具备值机和行李托运功能，并实现与轨道交通14号线、16号线和规划11号线换乘。

综合交通走廊建设。大兴国际机场配套基础设施在国内首次将高速、轨道交通、公路、地下综合管廊以及铁路等五种不同交通方式在100m宽、近8km长的空间内集中布置，打造综合交通走廊，其中最上层为新机场高速公路，中层为新机场轨道交通线，地面为团河路，地下为综合管廊，西侧为京雄城际铁路，形成了五线共走廊、共运行的壮观场景。通过走廊集中布置的形式，节约建设用地近600亩。

（3）其他基础设施配套

水务基础设施方面，建设北京大兴国际机场水源保障项目"大兴支线工程"，该工程主要包括南干渠与廊涿干渠连通管线以及新机场水厂连接线，连通管线全长约46km。该项目是北京市南水北调配套工程的重要组成部分，工程连通北京市南干渠与河北省廊涿干渠，为新机场水厂提供双水源保障，同时实现两省市南水北调工程的互联互通，打通南水北调中线水源第二进京通道，进一步发挥南水北调中线工程效益。此外，为保障北京大兴国际机场运行初期应急供水，涵养地下水水源，按照国家有关要求，支持北京大兴国际机场供水干线工程，新建供水管线37km，输水规模6万m^3/日。还预留5处分水口，远期北京大兴国际机场水厂建成后，北京大兴国际机场供水干线将具备向大兴新城供水条件。

园林绿化建设方面，位于北京大兴国际机场高速公路外侧及高速与京雄城际铁路、轨道交通新机场线三条交通干线并行段的夹缝空间，全部实施高品质绿化，总面积约8200亩，形成约30km长、300m宽的绿色通道，让旅客"穿过森林去机场"。此外，永兴河（北京段）也有绿化景观工程，项目西起京开高速路下游1.64km处，终点至北京市界，长度约11.4km，总面积约2535亩。通过河道治理和两岸绿化景观工程的建设，形成一条约11km长、100m宽林水共融的生态走廊，服务大兴国际机场及临空经济区。

这些配套工程直接服务保障北京大兴国际机场，打造国际交往新门户，有效支撑首都国际交往中心功能。

3.重要意义

"一市两场"乃至"一市多场"，是全球民航大国航空运输发展的必然产物，包括美国芝加哥、纽约，法国巴黎，英国伦敦，俄罗斯莫斯科，中国上海，美国洛杉矶，韩国首尔和日本东京等国际大都市均建设了不止一个机场。随着大兴国际机场的建成投产，北京成为继上海之后中国第二个"一市两场"的城市，大兴国际机场的建设有着重要的意义。

大兴国际机场的建设，对于北京城南转型发展具有重要意义。由于历史文化、自然因素等原因，首都城南的发展一直相对滞后。城南发展战略是北京实现均衡发展的重大部署，大兴国际机场建设地处城南的大兴区，是城南行动计划的重要举措和重点工程。机场的建设必将带动区域临空产业的发展，极大地提升区域产业层级，创造更多就业机会。而北京也将形成南北两大"国门区"的格局，这对于实现南城战略的发展目标，平衡南北经济发展水平，实现平衡发展将发挥重要作用。

大兴国际机场的建设，对于优化首都城市功能具有重要意义。在空中商务活动越来越频繁的今天，机场正逐步担负起类似大都市商务核心区所具有的综合性功能。从首都机场的发展来看，在机场周边，已经聚集了产业区、物流区、会展区、商业区、居住区、酒店区、休闲娱乐区等功能区，并逐渐成为一个功能完备的城市副中心。北京新机场也要站在优化首都功能布局的高度来推动建设。随着以北京新机场为核心的新的临空经济带的形成，不但将带动区域临空产业链的发展，更将协调北京南部地区城市空间布局，城市功能逐渐完善，各种配套生活设施逐步发展，从而成为首都新的城市功能节点。

大兴国际机场的建设，对于京津冀经济圈的发展具有重要意义。目前，京津冀地区缺少枢纽机场、枢纽港群和区域快速交通系统等重大区域性基础设施，大兴国际机场的建设可有效改善这一状况。借助高效快捷的航空运输体系，加快周边市政设施配套和交通改善，吸引临空产业的聚集，迅速形成产业链条完备、服务功能齐全、高效率、高产值的临空产业集群，而产业集群又将进一步促进京津冀地区的经济联系，进而影响和统筹京津冀经济圈的整体发展。

（三）轨道交通建设——市郊铁路

1.规划建设背景

伴随着北京城市规模扩大、非首都功能疏解，城市空间结构由单中心向多中心发展，中心城区、城市副中心与周边新城及功能组团之间的出行日渐增多，中心城和新城之间的通勤与通学的客流明显增多。随之而来的是交通方面的"大城市病"，如地面交通拥堵加剧、常规公交的可达性与可靠性难以保证、居民通勤时间偏长等。快速、准时、高效的城市轨道是解决大城市病、建设绿色城市、智能城市的有效途径。市郊铁路具有运量大、运距长、工程造价和能源消耗低、安全性高、环境友好、适应可持续发展要求等优点，能够满足长距离快速出行所产生的客流需求。

《北京城市总体规划（2016年—2035年）》提出圈层式交通发展模式，打造一小时交通圈，其中第二圈层（半径50～70km）便是以区域快线（含市郊铁路）和高速公路为主导，力图通过发挥市郊铁路的优势，为塑造城市形态、优化产业和人口布局、打造宜居生活环境等方面起到重要作用，对实现都市高效通勤和一体化发展提供重要引导和支撑。

2.规划建设内容

2022年，北京市政府联合国铁集团正式批复《北京市域（郊）铁路功能布局规划（2020年—2035年）》（以下简称《布局规划》），这是国内首个路市共同组织、共同编制、共同批复的超大城市市域层面网络规划。

按照"利旧优先、四网融合、廊道集约、多点锚固"的方案，《布局规划》规划12条线路，分为14个规划项目，总计约874km。规划形成"半环+放射"的市域（郊）铁路网络布局，其中"半环"串联城市副中心与多点新城，"放射"覆盖雄安新区、天津、唐山等7个主要方向，服务中心城区非首都功能疏解，促进城市沿廊道"簇轴式"发展。可以看到，规划突破北京市域范围，覆盖北京市域主要空间走廊方向，有效串联北京市域和跨界城市组团，充分预留系统拓展弹性空间，为都市圈的一体化发展奠定基础。

《布局规划》明确，在12条规划路线的14个项目中，9个项目为通勤线路，总长约627km；5个项目为旅游线路，总长约247km。划分通勤和旅游线路，主要是结合城市空间结构特点，提供差异化服务。通勤线路提供早晚高峰时段公交化服务，旅游线路则重点提供生态涵养区城镇组团与旅游景区的交通出行，后者会引入市场化运作，推出周末时段的特色化服务和整体包装，打造精品特色的旅游服务。

目前，北京已利用既有铁路开通运营S2（图11-3）、城市副中心线、怀密线、通密线4条市域（郊）铁路，市域内运营总里程约365km，共计24座车站。轨道交通旅行速度进一步提升、服务范围进一步拓展，廊道式发展效应初步显现。

图 11-3　北京居庸关花海开往春天的列车市郊铁路 S2 线

（图片来源：视觉中国）

近期将重点推动城市副中心线、东北环线、新城联络线及市域（郊）通密线、京门线、京包线、门大线、京原线8个项目，约526km的前期研究。

3. 重要意义

市郊铁路作为城市轨道交通系统的重要组成部分，是服务中心城区、副中心与近郊、远郊新城之间长距离、大运量的交通方式，是构建30km半小时交通圈、60km一小时交通圈的重要手段，可对城市进行空间缝合和功能更新织补。近年来在首都得到了快速的发展，对城市框架起到了有力支撑，在综合交通系统中逐渐发挥越来越大的作用。

市郊铁路是城市轨道交通的补充和延伸。北京都市圈30～70km范围内轨道交通严重缺失。从国外市郊铁路在城市公共交通体系中作用和定位来看，市郊铁路属于城市轨道交通里的市域快速轨道系统，最高运行速度为120～160km/h，适用于市域内中、长距离的客运交通系统。北京市郊铁路服务对象多以30～70km客流为主，且多为通勤客流，对出行时间的要求较高，时间目标以小于1h为宜，因此市郊列车的最高运行速度宜不小于100km/h，而地铁由于设站较多，最高运行速度一般为80～100km/h，难以满足1h内到达的目标。

市郊铁路是大都市区通勤的重要交通方式。北京作为一个世界性大都市，随着城市规划格局的变化，在中心城区、副中心与周边地区存在大量的通勤客流。市郊铁路作为一种大运量、高速度、长距离出行的交通工具，是解决近、远郊地区与中心城、副中心之间快速交流的主要交通方式，能够有效缓解长距离通勤客流出行。同时，北京市中心城区周边旅游资源丰富，周末及节假日旅游消费需求旺盛，市郊铁路布局结合旅游景区布置，亦可成为旅游客流出行的良好选择，同时旅游也成为市郊铁路客流的支撑。

市郊铁路是外围新城之间联系的重要交通方式。目前，北京市近郊各组团、城镇之间的交流相对较少，出行半径较小，但是随着经济社会和城市功能的不断发展，外围新城之间的交通需求也日益增多。目前，新城之间的联系主要还是依靠公路运输，地铁交通难以承担，市郊铁路作为大运量、高速度、长距离出行的交通工具，能够更好地发挥快速联系外围新城的作用。

（四）区域交通一体化发展——京雄高速

1. 规划发展背景

北京—雄安新区高速公路是雄安新区规划纲要确定的构建"四纵三横"区域高速公路网的重点项目。京雄高速全长约97km，从北京向南经涿州、固安等市县，到达雄安新区后，与既有荣乌高速公路相接。京雄高速北京段约27km，起自五环路，向西跨越永定河后进房山，主要沿京石客专向南，终点至市界与河北段相接。京雄高速是雄安新区对外骨干路网，是连接北京城区和雄安新区最便捷的高速公路，建成后两地实现了1h通达（图11-4）。

图11-4　京雄高速试通车

2.规划建设内容

作为北京至雄安新区的公路骨干通道，京雄高速综合运用了北斗高精定位、窄带物联网、大数据、人工智能、自动驾驶等新一代信息技术，建成运营后可提供车路协同等智能服务。

京雄高速全线采用双向八车道高速公路标准进行建设，从北京西南五环到雄安新区，全线行驶时间约1h。

跨越永定河处建有京雄大桥，是京雄高速公路标志性建筑，全长1.62km，是目前国内跨度最大的钢箱拱肋拱桥。除了京雄大桥和房山北站，北京段还设有4座高架桥以及五环立交、六环立交、长阳立交、良乡立交、京深路立交共5座互通立交。房山北站是北京首座陆地高架桥主线收费站，收费站采用桥梁分幅设计，将车辆进行分离式指引通行，提升效率。为了尽量缩小"高线"收费站工程体量，通过设置潮沟车道等方式，多重保障过站通行能力。

作为我国示范性的"智慧公路"，京雄高速北京段建有智慧高速监控中心，引入5G专网，利用北斗高精度定位、高精度数字地图等为车主提供车路通信、高精度导航和预警等服务。京雄高速全线实现气象数据采集，可实现对雨、雾、冰雪等多种气象灾害的监测与预警。

3.重要意义

京雄高速不仅是北京和雄安两地间架起的一条快速通道，更是京津冀协同发展由一纸蓝图变为现实的"高速公路"。京雄高速公路建成后成为北京连接"千年大计"雄安新区最为便捷的快速交通走廊，是《河北雄安新区规划纲要》中"四纵三横"——环京津冀一体化新格局的主干线路，是北京中心城区、北京大兴国际机场连接雄安新区最便捷的高速公路通道。该工程项目政治意义深远、经济地位重要，它的建成对完善雄安新区对外骨干路网，构建京雄一小时交通圈，服务京津冀协同发展交通一体化进程具有重要意义。

（五）首都绿色空间格局构建——奥林匹克森林公园

1.规划建设背景

奥林匹克森林公园的建设规划与筹办2008北京奥运会的规划建设息息相关。1999年3月31日，北京市政府与国家体育局成立"北京申办2008年奥运会规划工作协调小组"，开始研究奥运会主中心及场馆和相关设施布局的选址。

2000年由北京市规划委组织开展"北京国际展览体育中心规划设计方案征

集",拟定形成奥林匹克公园综合方案,为日后奥运申办、举办奠定了基础。同年,北京市政府开始规划申办奥运会的预留土地,在满足国际奥委会要求的同时,考虑到城市长远、综合的发展,最终将奥林匹克公园选址在北京中轴线的最北端。2003年,北京市政府将处于奥林匹克公园北部的奥林匹克森林公园的基本功能定位于永久性的城市公共绿地。奥林匹克森林公园主要建设大型公共绿地、100hm^{2}水面和湿地等景观设施,同步建设其他服务性配套设施。

奥林匹克森林公园建成后,以奥林匹克森林公园为主体,巨大的北中轴楔形绿地逐渐形成。这块绿地向南直伸向北二环,向北一直绵延至燕山山脉脚下,与大杨山国家森林公园衔接。南北遥遥相距40km,北宽南窄,呈不规则的楔形,像个绿色箭头,穿透钢筋水泥的森林直指城中心。楔形的尖端指向城市腹地,尾部则通往城外的郊野森林,这样的楔形绿地,也就成了连接城市中心区与市郊的廊道,能够促进城市内外空气的交换和流通,缓解热岛效应,改善整体生态环境。像北中轴这样的巨型楔形绿地,共规划了九条,它们围绕中心城区,分布在四面八方,正逐条推进建设。九条绿楔,头均指向中心城,尾则蔓延出六环外,仅在六环内的总面积就达2565km^2,占到北京整个平原面积的41%。

如今的奥林匹克森林公园早已成为北京市民健身休闲的森林公园氧吧、北京跑步健身运动者的打卡圣地、小朋友们接近自然的户外课堂,深受市民喜爱。

2.规划建设内容

奥林匹克森林公园位于奥林匹克公园的北部,城市中轴线的北端,占地680hm^2(图11-5)。由于现状五环路的存在而自然的形成了南北园两部分,北园占地300hm^2,是以生态保护与生态恢复功能为主的自然野趣密林,尽量保留原有自然地貌、植被,尽量减少设施,为动植物的生长、繁育创造良好环境。南园占地380hm^2,是以休闲娱乐功能为主的生态森林公园,以大型自然山水景观的构建为主,山环水抱,创造自然诗意的空间意境,兼顾群众休闲娱乐功能,设置各种服务设施和景观景点,为市民提供良好的生态休闲环境。

竖向规划设计。森林公园南园以大型山水景观构建为主,北园以微地形起伏及小型溪涧景观为主。公园结合场地西南高东北低的地形条件,充分利用现状洼里公园及碧玉公园湖区水系,构筑以主湖为主水面的水系格局,实现龙形水系的整体意向。主湖奥海背依仰山,南临南主入口,西北利用现状近10m的高差建由层层落水构成的湿地观赏景区,东及东北向分别与既有公园水系相连,跨过主山与清河导流渠相接,形成湖、湿地、河渠等形态多样的水景效果。北园水系引自西北部的清

图 11-5　北京奥林匹克森林公园秋色

（图片来源：视觉中国）

河导流渠，以小尺度湖面为主，注入北侧的清河。

生态廊道桥建设。森林公园设置了外形酷似过街天桥的生态廊道桥，长2181m，最窄处为60m，横跨北五环路，是野生动物和昆虫穿行南、北园区间的重要通道。桥上种植了北京地区60余种乡土乔、灌、草和地被植物，并为孤立的物种提供传播路径，有效地保障公园内部物种的传播与迁徙。

水系净化系统。园区采用的是清河污水处理厂经过处理的再生水，再生水中含有一定浓度的氮、磷等营养物质以及有机污染物，直接排入公园水系会造成水质恶化及水体发生富营养化，为了防止这一情况发生，奥林匹克森林公园采用人工湿地处理系统将再生水"净化"。湿地被誉为"地球之肾"，可沉淀、吸收和降解有毒物质。人工湿地处理系统是森林公园水质改善系统工程中生态自然净化系统的重要组成部分，这一区域种植了许多具有净化水体功能的水生植物和湿地植物，不但能够美化环境，还能营造独特的人工湿地景观。此外，湿地内建沉入水中的桥梁，其桥体结构分混凝土和玻璃两种，桥梁设计成为沉水廊道，人走在桥上宛如在水下行走。步行其中，不但可以近距离观赏到湿地景观，玻璃桥体内还能观赏到湿地内游动的小鱼、植物根系如何净化水质。

雨水收集系统。奥林匹克森林公园利用园区内河道及湖泊收集雨水，并将收集的雨水用于灌溉及道路喷洒。雨水收集系统与地形、地貌、湖泊水系及周边市政雨水条件紧密结合，采用以蓄为主、排蓄结合的方式进行雨水的回收利用，这一系统可以实现水在公园内部的微循环，对全园及周边地区的生态循环具有重要意义。

3.重要意义

奥林匹克森林公园是奥林匹克中心区的重要景观背景，是首都最大的城市公园之一，为市民提供了大片休憩空间，森林公园的功能定位为城市的绿肺和生态屏障、奥运的中国山水休闲后花园、市民的健康森林和休憩自然，森林公园也是首都郊野公园环建设的重要组成部分，是一个以自然山水、植被为主的，可持续发展的生态地带，是北京市中心地区与外围边缘组团之间的绿色屏障，对进一步改善城市的环境和气候具有举足轻重的生态战略意义。

奥林匹克森林公园也是首都绿色空间结构中的九楔之一，建设中的楔形绿地将逐渐发挥出城市风道的功能，帮助优化空气质量。绿楔穿起城市、森林、山区，形成一个有着勃勃生机的生态系统，不仅有助于城市气流的畅通，改善大气环境，更能从根本上提高一座城市的宜居水平，为城市的长久发展打下牢固的生态基础。

首都基础设施绿色生态发展实践

绿色基础设施是城市发展和生态稳定的有机结合体，是跨尺度、多层次、相互连接的生态空间载体。结合首都的城市建设和发展现状可知，城市绿色基础设施建设已经成为提升城市生态环境状况、改善城市污染的重要措施。

一、发展历程

（一）首都基础设施绿色生态发展背景

党的十八大以来，"生态文明建设""绿色发展""美丽中国"被写进党章和宪法，成为全党的意志、国家的意志和全民的共同行动，生态文明建设是关系人民福祉、关乎民族未来、实现绿色发展的长远大计，作为统筹推进"五位一体"总体布局和协调推进"四个全面"战略布局的重要内容，党和国家领导人开展了一系列根本性、开创性、长远性工作，提出一系列新理念新思想新战略。

北京市深入贯彻落实习近平总书记重要讲话和指示精神，认真践行习近平生态文明思想，推进生态文明建设、促进人口、资源与环境持续发展，严格落实北京城市总体规划确定的生态空间布局，不断推动改革创新。在基础设施布局、规划与建设方面，更加强调城市经济环境与自然区域的生态关联性和内部连接性，形成具有自然生态体系功能和价值的开放空间网络，为人类和动物提供自然场所，形成保证环境、社会和经济可持续发展的生态框架。

（二）首都基础设施绿色生态发展阶段特征

1.加快推进绿色转型发展阶段（2006—2010年）

2006—2010年是北京市实现"新北京、新奥运"战略构想的关键时期，是实施《北京城市总体规划（2004年—2020年）》的起步阶段，也是首都全面建设小康社会的重要时期。这一时期，以努力办好奥运会、启动新城和社会主义新农村建设为动力，首都经济步入新的发展阶段，市民生活更加富裕，城市发展进入战略调整和功能完善的关键时期。

这一时期，北京市积极践行生态理念，城市环境显著改善。一是绿色生态走廊启动建设。永定河生态走廊建设全面启动，建成引温入潮工程，首次实现跨流域调水，潮白河部分河段重现生态河道景观，北运河水质加快改善。二是打造多层次城市森林体系。郊区新城全面开工建设11处滨河森林公园，城乡接合部加快建设第一道绿化隔离地区郊野公园；基本建成沿东北五环和西南四环的郊野公园环；中心城选择空间集中、规模较大的城市代征绿地建设开放式城市休闲公园；城市森林体系逐步完善，全市林木覆盖率提高到53%。三是垃圾无害化处理能力和水平明显增强。城市生活垃圾处理能力提升到1.7万t/日，无害化处理率达到96.7%。

2. 践行绿色北京发展战略阶段（2011—2015年）

2011—2015年是北京市实践"人文北京、科技北京、绿色北京"战略，建设中国特色世界城市的重要时期。北京基础设施面临诸多新需求和新挑战，需要继续加强能力建设，完善体系结构，为市民提供安全、便捷、宜居的生产生活环境，促进城市功能的完善，适应经济社会发展的需要。

这一时期，北京市积极践行绿色北京战略，生态环境质量持续提升。一是突出林水要素融合，改善城市宜居环境。加快建设大尺度城市森林，建成11座新城滨河森林公园；继续按照郊野公园标准对第一道绿化隔离地区绿地进行近自然化、公园化的提升改造，全面建成第一道绿隔郊野公园环；实施第二道绿隔提质增效工程，巩固绿化成果。二是多方式、多措施增加城市绿地，拓展城市绿色空间。大力实施公共建筑屋顶绿化、建筑墙体垂直绿化和立交桥绿化等立体绿化建设，提升城市绿色景观；实施拆违增绿和见缝插绿，完成2000hm^{2}代征绿地绿化任务，建设城市休闲公园，建成南海子郊野公园二期、南中轴森林公园和园博园。三是坚持新建和改造并重，加强现有垃圾处理设施提升改造。实施污水处理厂污泥的资源化处置，充分利用自产沼气、电厂和水泥窑余热资源，采用干化、焚烧和堆肥等无害处置方式，高标准建设高碑店消化干化、琉璃河水泥窑焚烧、庞各庄堆肥等污泥处置工程，实现污泥全部无害化处理。

3. 坚持以人民为中心发展阶段（2016—2020年）

2016—2020年是我国全面建成小康社会的决胜阶段，是北京市落实首都城市战略定位、加快建设国际一流的和谐宜居之都的关键阶段。北京市始终坚持绿色的基础设施发展模式,加强协调衔接,深化改革创新,强化依法实施,牢固树立创新、协调、绿色、开放、共享的发展理念,牢牢把握首都城市战略定位,打造系统完善、便捷高效、安全可靠、协调一体的基础设施体系。

这一时期,北京市继续坚持绿色发展理念,建设绿色基础设施体系更加完善。一是城区生态环境质量持续改善。实施疏解建绿、留白增绿,新增城市绿地3773hm^2,公园绿地500m服务半径覆盖率达到86.8%。二是绿隔地区两条"绿色项链"基本形成。一道绿隔地区各类公园达到102个,二道绿隔地区建成郊野公园40个。三是山区绿色屏障不断加固。持续推进京津风沙源治理等国家重点工程,山区森林覆盖率达到60%。四是湿地保护恢复与建设稳步推进。恢复建设湿地1.1万hm^2,生物多样性显著提高。五是垃圾处理能力持续提升。建成阿苏卫等生活垃圾处理设施,处理能力达到3万t/日;建成丰台等餐厨垃圾处理设施,处理能力达到3000t/日,生活垃圾无害化处理率达到99.8%。

4. 绿色低碳循环的新发展阶段(2021年以来)

2021年以来,我国进入新发展阶段,贯彻新发展理念,构建新发展格局,成为首都绿色发展、高质量发展的方向指引。新发展时期,北京市牢固树立基础设施绿色发展理念,以碳排放稳中有降和推动碳中和为抓手,强化碳排放总量、强度双控,深入推进基础设施领域减排降碳,助力绿色北京建设。

这一时期,北京市坚持绿色低碳循环发展理念,深入推进基础设施领域减排降碳。一是强化城乡水环境治理,完善密云水库、官厅水库水源保护生态补偿机制,加强水资源战略储备,平原区地下水位连续8年回升,污水处理率提高到97.3%,地表水环境质量达到国家目标要求,雁栖湖入选国家美丽河湖优秀案例,野鸭湖湿地入选国际重要湿地名录。二是加快建设大尺度绿色空间,成功创建全域国家森林城市,森林覆盖率44.9%;南苑森林湿地公园等一批郊野公园对外开放,全市公园总数达到1065个,62%的公园实现无界融通,千园之城不断扩容。三是全面推进乡村振兴,2800余个村庄基本完成美丽乡村建设,93%的村庄和96%的农户实现清洁取暖;严守耕地保护红线,完成5.8万亩高标准农田建设,农业中关村总体框架基本形成,粮食、蔬菜产量连续4年增长。

二、制约因素

尽管北京市绿色生态基础设施水平已取得显著成效,但在总量、结构、布局等方面仍存在着问题与瓶颈，在未来基础设施发展中亟待得到缓解与突破。

（一）绿色环境承载能力有待提升

城市生态承载力还有不足，集中体现在绿地总量不足，森林质量不高，结构不尽合理，生物多样性不够丰富，碳汇能力不够强。截至2023年，全市亟待抚育的中幼林480万亩，荒山绿化任务有20万亩，废弃矿山生态修复治理有10万亩，全市每公顷森林蓄积量仅为27.93m^3，是全国平均水平的40%，世界平均水平的28.6%，园林绿化的生态承载力需要进一步的提升。

（二）城市绿地整体服务功能有限

与国外大城市相比，北京人均公共绿地面积偏少，只有15.7m^2（图12-1），尤其是市民身边的绿地偏少。同时，河湖、绿化用地等往往被城市开发建设侵占，城市基本功能不能有效发挥，新增绿地往往要通过拆旧实现。目前，城市内部绿地之间以及与城市外围绿色空间的联系不足，楔形绿地断带较多，结构框架不清晰，没有充分发挥通风廊道的作用。一道绿化隔离地区规划绿地面积156km^2，已完成规划建绿近九成，剩余绿化任务完成难度极大。中心城区公园绿地500m服务半径存在80多处覆盖盲区，休闲、健身等服务功能水平不高，有待进一步提高。

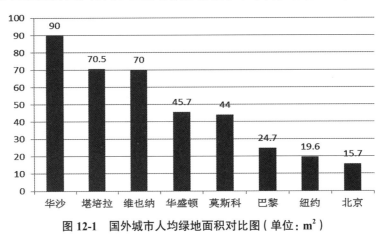

图12-1　国外城市人均绿地面积对比图（单位：m^2）

（三）河湖生态环境质量有待优化

北京市河湖水环境还存在隐患，特别是城市面源污染问题成为未来水环境的首要问题，加之水资源的长期短缺，造成了河流生态退化仍较严重。根据水文总站卫星遥感监测结果，全市2023年非汛期有水河流119条，有水河长2617km，占总河长40.8%；无水河流306条，无水河长3797km，占总河长59.2%，从"有水的河"到"流动的河"还要做大量工作。

（四）垃圾综合处理能力有待提升

生活垃圾处理能力凸显不足，2023年全市8座大型垃圾处理设施都处于超负荷运行状态，最高的负荷率达到246%，垃圾处理结构不够优化，填埋仍是主要处理方式，垃圾焚烧仅占24%，民众对垃圾处理设施的排斥心理严重，新增垃圾处理设施选址难。

三、实践经验

北京市始终坚持生态优先发展战略，突出对"山水林田湖草"生命共同体系统修复、综合治理，持续构建普惠共享的公园体系，将美丽宜人的城市景观风貌融入新型绿色基础设施建设，展示新时代首都生态文明建设的时代风貌，塑造与首都城市战略定位相适应、与迈向中华民族伟大复兴大国首都相匹配的绿色生态格局。

（一）构建大尺度城市生态屏障

以"青山为屏、森林环城"为愿景，在北京市生态涵养区及市界区域构建大尺度的绿色生态屏障，合理限定城市生长边界，大幅度营造绿色生态环境。

一是构筑"青山为屏"的城市生态屏障。打破行政区划边界，将北京市以往所有的生态涵养区统称为"一区"，打造统一的城市生态屏障。依托生态涵养区丰富的森林植被资源，结合自然保护区、风景名胜区、森林公园、湿地公园、水源涵养区、水土保持林、野生动物栖息地等建设，加固西部及北部山区的自然生态系统，从市级层面统一规划实施，形成北部、西南部两道生态屏障。

二是实施北京生态涵养区战略。以提升生态涵养功能、促进富民就业为核心，推进房山和昌平的山区部分、门头沟、平谷、怀柔、延庆以及密云生态涵养区发展战略。按照生态涵养区的功能定位和职责，强化生态修复与水源保护，完善生态补偿和森林湿地的后期管护机制，重点针对两山（北部燕山、西部西山）、三库（密云水库、官厅水库、怀柔水库）以及五河（东部泃河、北部潮白河、中部北运河、西部永定河、西南部拒马河）进行生态保护，系统推进怀柔科学城、长城文化带、西山－永定河文化带的绿色发展。

三是共建张承地区水源涵养林。加强与承德张家口外围生态涵养区合作，发挥北京的引领作用，通过跨区域的植树造林、退耕还林、矿山治理等措施，扎实推进水源保护区植被恢复、风沙源治理等重大生态工程，集中连片营造高标准水源涵养林和生态防护林。进一步加大张承地区密云、官厅两库上游重点集水区生态保护和修复支持力度，加快荒山治理进程，建设生态水源保护林，发挥北京的引领作用，通过跨区域的植树造林，扎实推进水源保护区植被恢复。

四是搭建"森林环城"的环首都生态空间。京津冀协同发展给三地带来了前所未有的战略机遇，生态作为率先突破的三大重点领域之一，需要从更大尺度上创新生态建设机制。未来需要以雾灵山、松山、百花山等既有自然保护区为依托，整合京津冀自然保护区、森林公园等各类生态保护地资源，构建环首都国家公园体系；继续推进实施平原造林工程，在平原地区形成与西北部山区屏障呼应的首都森林圈；坚持完善第一道和第二道绿化隔离带，共同构建"复层森林生态圈"，形成环绕城市的大尺度城市森林。

（二）推进功能性湿地系统建设

湿地是北京城市绿色基础设施建设的重要组成部分，具有"地球之肾"美誉的湿地本身可以沉淀、吸收和降解污染物，对于提高水体环境质量、减缓雨洪灾害等具有不可替代的作用。

一是加快滨水湿地公园建设。坚持以恢复和提高湿地生态系统整体功能为首要目标，以增加滨水游憩空间为次要目标，进一步保护和修复水库、湖泊、公园湿地等人工湿地和河流、天然湖泊以及沼泽等自然湿地，提升湿地生态质量和生态功能，营造泽水萦绕、蓝绿交织、草木葱茏、鱼鸟翔集的优美湿地景观，形成以湿地自然保护区为基础、湿地公园为主体、湿地自然保护小区和小微湿地为补充的具有首都特色的湿地保护体系。

二是推进森林湿地公园建设。推进温榆河公园、南苑森林湿地公园等一批具有代表性的高质量森林湿地公园建设，充分利用河湖湿地，大力建设森林湿地复合型公园，科学布局全市湿地公园数量和具体建设内容。通过地形改造，打造浅滩、零星水面、开敞水面、生境岛等多种地形，营建由乔木、灌木、多年生地被和水生植物组成的森林湿地复合系统，在提供动物栖息和迁徙地生境、保护物种多样性的同时，发挥景观美化和雨洪利用等多重作用。

三是构建功能性小微湿地。结合疏解整治促提升和海绵城市建设，构建下凹式绿地和蓄水池等以调蓄雨洪为主要功能的小微湿地，发挥湿地调节小气候和美化环境等功能；在郊区，结合雨洪蓄滞和水质净化，减少地表径流，起到滞洪和削减洪峰的作用，为鸟类等野生动植物提供栖息环境；在具有集中排污系统但缺少污水处理设施的农村和远郊区，构建以污染处理为主要功能的小微湿地。

（三）打造贯穿京城生态廊道

绿色生态廊道是一个城市或区域良好生态环境的基本框架，是城市重要的绿色通风廊道和生物多样性通道。以"九楔放射、四带贯通"为城市生态廊道布局，结合通风廊道建设，在北京市打造"四带贯通"的生态廊道，贯穿城市南北及中心城。

一是打造永定河生态廊道。北京市范围内永定河两岸500m范围内的绿化覆盖面积达到51.88%，石景山的五里坨镇、麻峪镇、庞村镇和水屯镇，门头沟的永定镇、雁翅镇、王平镇和龙泉镇，丰台的长辛店、老庄、卢沟桥以及房山的长阳镇等地段均形成了大尺度森林斑块。通过对永定河沿岸进行生态修复与治理，修复补植河岸林带，强化造林力度，精准提升水域两岸植被生态景观，在都市区段建设与城市园林绿化体系相贯通的绿色生态廊道。以永定河为骨架，对清水河、妫水河、拒马河三条贯穿北京西部、西北部和西南部的河流进行生态修复与森林、湿地和滨水公园建设，保证永定河常年有水，对永定河两侧关键节点的河流湿地进行维护与建设，运用森林植被促进永定河水系连通。

二是打造潮白河生态廊道。北京市内潮白河两岸500m范围内的绿化覆盖面积为34.35%，在密云城区和十里堡，怀柔北房镇、杨宋镇，顺义牛山、马坡、仁和等地均形成了大尺度森林斑块。在密云、通州与顺义区，重点对潮白河河岸两侧进行植被生态修复，建设两岸各宽30m以上的沿河水岸森林；扩增现有的片林，建设河岸万亩片林。在两侧森林植被总量的前提下，在保留河流廊道原始景观风貌的基础上，保护、修复河流廊道的生态功能，营造层次丰富、景观多样的道路森林景观，丰富植物品种和色彩，充分发挥生态廊道的生态和景观功能。

三是打造北运河生态廊道。北京市范围内北运河两岸500m范围内的绿化覆盖面积为47%，目前已在通州新华、永顺镇、玉桥、张家湾，朝阳孙河、金盏等地均形成了大尺度森林斑块。结合朝阳区和通州区原有的河岸林带建设，衔接温榆河两侧的河岸林带建设，在北运河两侧200~500m范围内，对两岸的原始植被进行保留，注重水岸的自然化与森林化，在整体上维持好河流的原始自然弯曲度，以维持河流原有的岸线，并定期检查原始植被及新造森林的健康状况。

四是打造道路生态廊道。在五河十路绿色通道、平原造林工程多廊的建设基础上，以城市交通干道为基础，依托现有的沿线森林斑块，以京雄高速、京承高速、京平高速、京沈高速、京津塘高速、京沪高速、京沪高铁、京开高速、京昆高速、八达岭高速、大秦铁路为重点，建设贯穿区域的道路生态廊道。对道路景观绿化带改造提升，在保证道路两侧森林植被总量的前提下，营造层次丰富、景观多样的道路森林景观，丰富植物品种和色彩，充分发挥森林廊道的生态和景观功能。

（四）提升绿色生态空间效能

以打造北京市"一屏、三环、五河、九楔"的城市绿色生态布局为引领，通过优化城市绿色空间布局、塑造身边绿色休憩场所、提高绿色服务功能，实现北京市"绿景满城"的园林绿化生态格局构想，实现北京市绿色生态空间的整体提升。

一是建设文脉清晰的首都核心区绿地系统格局。结合老城保护，整合恢复"轴、坛、城、水、园"五大传统园林要素，体现历史文化传统；充分增加公园绿地、防护绿地、附属绿地等花灌木比例，如紫薇、木槿、月季等，配增花坛、花柱、花堆摆放，打造多季鲜花常开常有的"花园核心区"；全面提升老城街区绿化水平，改善老城人居环境，合理配置植物，适当设置垂直绿化、门前绿化、庭院绿化，打造由植物盆栽、花池、花坛、花架构成的街巷胡同绿化景观；推动二环路内侧实施规划绿地建设，强化绿色理念与古都文化的融合，提升二环路沿线绿地"凸"字形城廓遗址公园环。

二是建设系统完善的中心城区绿化建设体系。优化中心城区绿色空间格局，打造"公园城六区"。增加景观水系岸线，梳理修补水岸绿化廊道，构建水绿联动的生态网络；进一步加强留白增绿、战略留白临时增绿建设，提升城市韧性，从分布均衡、服务市民的角度增加城市绿地，缓解热岛效应；通过见缝插绿、留白增绿增加口袋公园及小微绿地；加强两轴生态建设，以园林绿化手段强化两轴特色，以大型生态空间引导两轴的延伸与拓展；加强城墙遗址公园环、一道绿隔城市公园环、二道绿隔城郊公园环建设，巩固提升一道绿隔"一环百园"的生态格局，不断提升市民绿色福祉，实现二道绿化隔离地区闭环，为首都戴上"绿色项链"，满足市民郊野休闲需求；充分利用闲置荒地、留白增绿、拆违疏解腾退建绿及原有绿地扩绿补绿。

三是建设跨越引领的城市副中心绿化体系。对接城市副中心市民中心、组团中心、家园中心、便民服务点的公共服务体系，通过建设大、中、小、微四级公园，构建5min、15min、30min绿色生活圈；结合慢行系统示范区建设梳理道路空间，重点针对次干路和支路建设连续的林荫道路，推动实现街区道路100%林荫化；加快推进重大示范项目落地，做好广渠路东延、东六环入地、副中心综合交通枢纽、环球影城等重点项目绿化配套，推动路县故城考古遗址公园、国家植物园等重点公园建设。

四是结合区位特点和功能定位，建设高品质城市绿地系统。结合疏解整治、留白增绿项目实施增加城市绿地；注重城区道路、水岸、关键节点绿化美化建设，打造精品街区；督促新建居住区绿地率达到30%，构建以宅旁绿地为基础、社区游园为核心、道路绿化为网络的小区绿地系统；抓好老旧小区改造绿化，重点对现有小区绿地进行扩绿、改造和提升。

（五）完善五大水系生态功能

永定河、大清河（拒马河）、北运河、潮白河和蓟运河（泃河）作为北京五大河流，串联了整个城市的地表水网，是大多数发源于北京水体的归属，通过强化五大水系的支撑功能，串联北京市地表水网，有效提升北京市水环境生态系统的综合承载能力。

一是加快五河生态系统治理。不断改善河湖水生态健康水平，丰富水生生物群落种群和数量，提高健康河湖占比。加快城市副中心防洪工程体系建设，完成北运河下段河道综合治理工程，实施北运河堤防不连续段修复，推动实施温潮减河工程建设、潮白河通州段治理工程，进一步提高防洪能力。

二是构建五河绿色生态长廊。开展拒马河、潮白河、泃河的水环境治理和沿线绿色景观带建设，以五大水系为主线，形成河湖水系绿色生态走廊。逐步改善河湖水质，保障生态基流，提升河流防洪排涝能力，保护和修复水生态系统，加强滨水地区生态化治理，营造水清、岸绿、安全、宜人的滨水空间。加强河道、水库等水利设施标准化运行养护。实施城市河湖景观提升，提高建成区滨水步道的通达性和开放性。

三是打造重点流域生态景观带。结合西山永定河文化带建设，加大永定河综合治理与生态修复力度，逐步恢复永定河生态功能，充分挖掘永定河流域丰富的文化资源，全面促进永定河生态功能向城市延伸；结合大运河文化带建设，进一步推动北运河水环境治理工程，同时推动北运河恢复通航，并和天津、河北两地共同打造京一廊一津黄金旅游水道，重现城市历史文脉；实施潮白河、拒马河综合治理与生态修复，提高河道防洪能力，改善河道生态状况，配合实施老城区历史水系恢复，为市民提供有历史感和文化魅力的滨水开敞空间。

（六）增强垃圾资源化处理能力

一是加强可回收物体系建设。完善可回收物"点-站-中心"三级设施体系布局，健全源头交投网络，合理设立中转站，加快推进分拣中心建设，构建相对充裕的本地可回收物收集、运输和分拣能力。完善企业参与的市场化机制，支持规模化企业全链条运营，鼓励物业管理、环卫作业等单位发挥各自优势，分工协作，促进生活垃圾分类与再生资源回收体系"两网融合"，引导居民家庭开展可回收物分类，做到应分尽分、应收尽收。完善企业参与的用地保障、车辆通行、低值可回收物补贴等支持政策，制定可回收物交投点、中转站和分拣中心建设管理标准，提升可回收物体系管理水平。

二是加快资源化处理能力建设。按照"市级统筹、分区平衡、适度协同、骨干支撑、留有冗余"的原则，注重当前与长远、应急与常态的有效衔接，加快补齐垃圾处理设施短板。加快建设生活垃圾焚烧设施。有序推进厨余垃圾处理设施建设。推进建筑垃圾资源化利用。畅通土方砂石循环利用渠道，构建以固定设施为基础、临时设施为补充的建筑垃圾资源化处理结构，提升与建筑垃圾产生量规模动态适应的处理能力。

三是推动设施绿色高效运行。推进垃圾综合高效处理。树立全固废处理理念，推动垃圾处理设施园区化集聚，实现设施间废弃物循环利用、协同处置。推进垃圾焚烧、污水处理、能源供应等多种市政设施功能整合和综合设置，形成资源循环利用体系。大力推进粪便、餐厨垃圾与生活污水协同处理，鼓励厨余垃圾处理设施沼气资源化利用，探索飞灰和焚烧炉渣综合利用途径。

四、实践案例

（一）百万亩造林计划

1.项目概况

北京平原造林是市委市政府为改善首都生态环境，提升空气质量，促进可持续发展所实施的重大生态工程和民生工程。平原造林计划主要包括四大工程，即景观生态林建设工程、绿色通道建设工程、郊野公园建设工程和湿地保护建设工程，其中景观生态林建设工程和绿色通道建设工程是建设重点。景观生态林建设以科学配置、集中连片、异龄复层混交为原则，营造大尺度的城市森林景观，实现增加碳汇、美化环境、提升生态功能、保护生物多样性等目标，构建生态主导型、景观主导型等不同类型的森林景观，形成多树种、多层次、多色彩、多结构、多类型的森林自然生态系统。绿色通道建设工程以公路、铁路、河流等通道绿化为重点，新建和加厚、加宽平原地区公路、河流、铁路两侧绿化带，改善沿线生态环境，提高景观质量。按照绿不断线、景不断链的要求，建设一批彩色树种为主、色彩靓丽、特色鲜明的景观大道，提升高速路出入口、河流交汇点、进出京路口等重要节点的绿化景观，构建平原地区绿色生态体系骨架。

平原造林计划以北京城市总体规划、土地利用规划和绿地系统规划等上位规划为依据，以总体规划提出的"两环、五水、九楔"生态结构格局为基础，在中心城周边营造林海绵延、绿道纵横、公园镶嵌、林水相依的森林景观，打造形成"两环、三带、九楔、多廊""城市青山环抱、周边森林环绕"的生态格局。

"两环"，即五环路两侧各100m的永久性绿化带，形成平原区第一道绿色生态保障，六环路两侧绿化带外侧1000m、内侧500m形成平原区第二道绿色生态保障。

"三带"，即永定河、北运河、潮白河（包括温榆河、南沙河、北沙河）每侧不少于200m的永久性绿化带，这是北京的三条主要河流，贯穿南北。

"九楔"，指的是在九个楔形限建区，通过建设功能明确、规模适度的四大郊野公园组团和多处集中连片的大尺度森林，形成连接市区与城市外围、隔离新城之间、缓解热岛效应、生态作用明显的九大楔形绿地。

"多廊"，即重要道路、河道、铁路两侧的绿色通道，以及贯通各区域森林景观、公园绿地的健康绿道。

2.项目成效

第一轮百万亩造林计划于2012年启动，截至2017年底，北京平原地区造林面积已达78000.39hm^2，形成666.67hm^2（1万亩）以上森林板块23块，66.67hm^2（1000亩）以上森林板块210块，平原地区森林覆盖率由工程实施之前的14.85%提高到了27.8%。第二轮百万亩造林计划于2018年启动，奥北、南苑、黄村等地都已开工建设大尺度森林，截至2021年底，已形成千亩以上绿色板块250处，万亩以上大尺度森林湿地29处。2022年，北京平原地区将围绕城市副中心、回天地区、南中轴等重点区域，构建大尺度的城市森林生态系统，实施绿化建设9.31万亩，2022年项目完工后，第二轮百万亩造林绿化任务就圆满完成，全市森林覆盖率将达到44.8%以上。

（二）城市绿心森林公园

1.项目概况

城市绿心森林公园位于通州大运河南岸，西边以东六环为界，南至京塘公路，总规划面积11.2km^2。"城市绿心"是一处集生态修复、市民休闲、文化传承于一体的城市森林，以近自然、留弹性、活文化三大理念为引领，在原东方化工厂、东亚铝业等老工业遗址上打造出的自然森林景观和滨水空间。

绿心整体布局为"一核、两环、三带、五片区"。"一核"即生态保育核心区，原东方化工厂厂址，利用自然修复形成层次丰富的森林群落。"两环"即动感活力环和24节气环，动感活力环是串起五大功能组团和林下活动空间的星形园路；24节气环是在星型园路两侧开辟了24个林窗，通过各类体现当季物候的乔灌草自然种植，体现季相变化，并通过景观小品、文化标识、节气活动进行展示，传播传统生态文化。"三带"即大运河文化带、六环景观带和运河故道景观带，承接上位规划，结合运河故道考古成果，丰富城市绿心的文化内涵，体现通州地域文化和运河文化。"五片区"分为文化区、休闲区、体育区、科普区和雨洪区。

绿心的生态特色是蓝绿交织的城市森林系统。首先其以大尺度绿色空间为主，绿化率85%以上，保留场内原有6000余株大树，栽植各类乔木13万余株，乡土树种占比90%，营造近自然的城市森林系统。其次是工业污染地实施生态修复，不扰动污染区，直接覆土绿化，打造小动物的生态栖息地。再次是废弃物循环利用，建设过程综合消纳场地内110万方建筑垃圾，建成后绿色废弃物全部再利用，养护浇灌和景观补水100%利用中水。最后是海绵城市建设，城市绿心在东西两侧设置了两条汇水线路，东侧通过地形处理，结合雨水花园、植草沟完成绿心雨水的蓄积和传输，最终汇至樱花庭院南侧的景观湖区；西侧通过运河故道将雨水排入南侧的玉带河支沟，如两个汇水区遇超大雨水，将通过泵站输送至宋梁路东南侧30hm^{2}的蓄涝区。

公园作为城市副中心最先启动的建设项目之一，有生态修复、市民休闲、文化传承、智慧互动四大特色，与行政办公区一河之隔，是副中心"一轴、一带、两环、一心"绿色空间布局的重要组成部分。其建成开放成为了北京开放共享的市民活力中心、多元体验的生活风尚中心、科学有序的生态治理示范、永续生长的生态城市森林、东方智慧的特色文化名片。

2. 项目成效

城市绿心即城市的"绿色心脏",是置于城镇的中心,具有一定绿量与显著生态效果的综合性城市绿地。

一方面"城市绿心"作为城市中的森林,既可以调节城市中心地区的小气候,消除中心地区的热岛效应,又可以降低城市噪声,净化城市空气与水环境,维护生态安全格局,使城市的生态环境得到优化。

另一方面城市绿心以场所为脉,为城市创造广阔的公共活动空间。绿心是"居住、休养和疗养、旅游观光、文化娱乐"的集结地。城市绿心以场地的自然属性与人文属性为脉络与灵感,创造服务于市民的良好的游憩、健身和交往活动空间,满足人们的休闲娱乐需求,促进居民的身心健康与社会和谐。除此之外,绿心还具有防灾、隐蔽、疏散等开放空间的实用功能。

(三)绿色低碳冬奥场馆

1. 项目概况

一是全部建成绿色建筑。北京冬奥会不仅充分利用2008年夏季奥运场馆,在新建冬奥场馆时也全面满足绿色建筑三星级标准。北京冬奥会6个新建室内场馆以及冬奥村建设全部符合绿色建筑三星级标准,3个改造场馆通过既有建筑绿色改造符合绿色建筑二星级标准。其中,住房和城乡建设部科技与产业化发展中心组织开展绿色建筑技术服务的张家口赛区奥运村项目(图12-2)、张家口云顶滑雪公园项目以及太子城冰雪小镇会展酒店、文创商街、国宾山庄等配套项目均获得三星级绿色建筑标识。北京大学第三医院崇礼院区在钢结构装配式、装配化装修、全过程BIM以及清洁能源供暖等方面做了绿色低碳建设的有益探索与实践。

二是采用可再生能源绿电。北京冬奥会北京、张家口、延庆三个赛区的全部场馆用电由传统电力改为100%使用可再生能源绿电。依托张北±500kV柔性直流电网工程和适用于北京冬奥会的跨区域绿电交易机制,场馆的照明、运行和交通等用电均由张家口的光伏发电和风力发电提供,实现了城市绿色电网全覆盖。张北柔性直流电网试验示范工程于2019年投入运行,运用世界上最先进的柔性直流电网新技术,将张家口地区可再生能源输送至北京市。

该工程每年向北京地区输送141亿kW·h的清洁电力,将全面满足北京和张

图 12-2　2022 年冬奥会张家口赛区奥运村三星级绿色建筑

（图片来源：视觉中国）

家口地区冬奥场馆用电需求。建立跨区域绿电交易机制，通过绿电交易平台，赛时将实现奥运史上首次所有场馆 100% 使用绿色电力。到 2022 年冬残奥会结束时，冬奥会场馆预计共消耗绿电约 4 亿度，预计可减少标煤燃烧 12.8 万 t，减排 CO_2 32 万 t。

三是采用绿色低碳技术。国家速滑馆、首都体育馆等四个冰上场馆，创新性地采用了全球变暖潜能值（GWP）为 1 的二氧化碳制冷剂，与传统制冷方式相比，实现节能 30% 以上，能效可以提升 20% 以上。这不仅使场馆碳排放趋近于零，还将场地冰面温差控制在 0.5℃ 以内，并且制冷过程中产生的高品质余热可以回收利用，用于运动员生活热水、冰面维护浇冰等，这在奥运历史上尚属首次，获得国际奥委会的肯定。场馆建设中采用超低能耗技术，建设的"被动房"也提高了建筑物能效水平。国家游泳中心、国家体育馆、五棵松体育中心、首都体育馆等夏奥场馆，都创造性地实现了"水冰转换""陆冰转换"，成为了北京冬奥会冰上场馆。

五棵松冰球训练馆建成面积 38400 m^2，是全世界单体面积最大的超低能耗公共建筑，并首次在冰场区域采用溶液除湿机组，节能率达 77.1%。北京冬奥村综合诊所，建成超低能耗建筑示范工程 1140 m^2，通过保温或无热桥设计，提高建筑物的气密性，建筑物综合节能率达到 51%。

四是场馆建设绿色节材。北京冬奥会各场馆都对施工材料用量进行了优化设计，尽量减少不可循环材料如混凝土的使用，优先使用可再生、可循环利用的材料。如国家速滑馆,应用先进的计算机模拟技术,以单层双向正交马鞍形的设计,建成了全球最"扁"的椭圆索网结构屋顶,以此减少玻璃幕墙面积4800m²,用钢量仅为传统屋顶的1/4,同时减少了室内空间以及由此带来的5%的能源消耗(图12-3)。

图12-3 国家速滑馆椭圆索网结构屋顶节能节材设计

(图片来源:视觉中国)

该场馆的拼装胎架从大兴国际机场航站楼等建设项目周转使用,预制看台板使用废旧桩头粉碎制成的再生骨料,实现了资源的循环利用;国家体育馆和国家游泳中心的运动员更衣间由集装箱改造而成,赛后可以无痕移除或作为场馆公共服务设施进行再利用。北京大学第三医院崇礼院区项目在建设时间紧张、建筑功能复杂、张家口地区建设场地狭小的情况下,通过采用装配式钢结构设计、统筹多专业同步施工、人工智能和大数据等手段,缩短了项目的建设周期,同时实现项目的绿色、高质量建设,保障了冬奥会顺利进行,践行了绿色可持续的发展理念。

五是绿色低碳运营。在北京冬奥会的交通出行方面,使用的赛事交通服务用车的能源类型包括:氢燃料车、纯电动车、天然气车、混合动力车及传统能源车。节能与清洁能源车辆在小客车中占比100%,在全部车辆中占比85.84%,为历届冬奥会最高。北京冬奥会、冬残奥会期间,使用以上车辆将实现减排约1.1万t二氧化碳,相当于5万余亩森林一年的碳汇蓄积量。

北京冬奥组委入驻首钢工业主题园区以来,通过综合利用、改造废旧厂房,利用光伏发电、太阳能照明、雨水收集和利用等技术,建设绿色高标准的冬奥组委首钢办公区，充分利用OA办公系统、视频会议系统等现代化办公手段，减少纸张及办公用品使用，有效降低碳排放。北京冬奥组委于2020年7月2日全国低碳日，正式发布"低碳冬奥"微信小程序，践行绿色出行、垃圾分类、自备购物袋、有机轻食、爱用随行杯等低碳行为，鼓励和引导社会公众建立绿色低碳生活方式。

2.项目成效

通过严格实施低碳管理等措施，北京2022年冬奥会和冬残奥会全面实现碳中和。根据测算，从2019年6月第一笔绿电交易开始，到北京冬残奥会结束，北京冬奥会三个赛区的场馆预计使用绿电4亿kW·h，可以减少燃烧标准煤12.8万t，减排CO_2 32万t。

针对雪上项目主要分布在山区的情况，北京冬奥组委采取措施从设计源头减少对环境的影响，守护赛区的青山绿水，原生树木原地安家，亚高山草甸完美回归，野生动物通道有效建立，赛区生态环境得到有效恢复，实现了"山林场馆、生态冬奥"的目标。

（四）全面推行垃圾分类

1.项目概况

一是完善生活垃圾分类标准。北京市垃圾分类坚持"干湿分开、资源回收"的技术路线，建立垃圾分类投放、收集、运输、处理标准体系，规范生活垃圾分类投放、收集和暂存要求。居住小区、党政机关和社会单位垃圾分类的基本品类为厨余垃圾、可回收物、有害垃圾、其他垃圾四类。

二是推动党政机关社会单位强制分类。党政机关全面实施强制分类，把强制分类作为重中之重，发挥各级党政机关垃圾强制分类示范引领作用。推动学校、医院等事业单位实施强制分类，市教育、卫生健康及科研、文化、出版、广播电视等事业单位，协会、学会、联合会等社团组织，车站、机场、体育场馆、公园、旅游景区等公共场所管理单位主管部门，根据本行业、本领域特点制定垃圾分类工作方案，做好垃圾分类日常管理。推动经营性场所开展强制分类，宾馆、饭店、购物中心、超市、专业市场、农贸市场、农产品批发市场、商铺、商用写字楼等各类经营性场所，行业主管部门制定垃圾强制分类工作方案，配合属地政府组织实施，逐步实现强制分类全覆盖。

三是推动居住小区垃圾分类。分类投放环节，以厨余垃圾、其他垃圾收集容器为基本分类组合设置投放站点，每个小区应设置不少于一处可回收物和有害垃圾交投点，分类投放站点应公示垃圾分类常识。分类收集环节，采用"桶换桶""桶车对接"等分类收集模式，确保收运全过程密闭，无二次污染。推进垃圾楼、中转站等设施增补和改造，在条件适合的区域，采用密闭式清洁站机械分选方式作为补充。分类运输环节，统一各品类垃圾收集运输车辆的车型、涂装和标志标识，实施分类运输车辆身份识别、行驶轨迹、称重计量等信息实时监控。

2.项目成效

一是分类设施实现全面改造。截至2021年底，东城、西城、石景山和城市副中心桶站规范化建设已基本完成。全市分类容器便利性改造超过80%；固定桶站6.32万个，已实现垃圾分类达标改造6.07万个，达标率为96%；分类运输车辆完成涂装改造2854辆。

二是家庭厨余垃圾得到有效分出。截至2021年底，全市家庭厨余垃圾日均分出量达4246t，较《北京市生活垃圾管理条例》实施前增长了13倍，家庭厨余垃圾分出率达到20.84%。加上餐饮服务单位日均分出厨余垃圾1927t，厨余垃圾日均总分出量达约6173t。

三是其他垃圾减量明显。通过厨余垃圾和可回收物的源头分类，以及源头减量措施不断深化，2021年进入到末端处理设施的生活垃圾处理量，即其他垃圾量1.61万t/日，同比下降36.61%，大幅缓解了末端处理设施处理压力。

第十三章

首都基础设施数字智能发展实践

随着首都经济不断发展，大城市集聚效应日趋明显，交通拥堵、环境污染、资源约束等超大城市治理问题相伴而生。北京作为全国数字经济领先城市，加快数字化、智能化新型基础设施建设，既是巩固提升数字经济优势、塑造经济高质量新动能的基础支撑，也是推动破解"大城市病"，提升首都智慧治理水平的重要手段。

一、发展历程

（一）首都基础设施数字智能发展背景

北京市是中国的政治中心、文化中心、国际交往中心、科技创新中心，也正在步入现代化国际大都市行列。北京市常住人口基数大，资源环境压力紧张，随着经济的发展，城市对精细化管理的需求日益紧迫，如何解决超大城市人口不断增长的多样化需求和资源环境供给之间的矛盾，是北京城市治理所面临的挑战。2020年，北京市发布《北京市加快新型基础设施建设行动方案（2020—2022年）》，要求建设国际领先水平的新型基础设施，对提高城市科技创新活力、经济发展质量、公共服务水平、社会治理能力形成强有力支撑。

新型基础设施的科学合理布局和有效应用，对于提高城市管理能效、服务水平和经济发展质量具有奠基性作用。短期来看，新型基础设施如5G基站、智能充电桩、数据中心等成为规划投资建设热点，由新型基础设施赋能的新业态、新模式蓬勃发展，数字经济成为主要经济形态，智能制造、工业互联网、远程办公，助力企业复工复产；网上购物、无人配送等保证了国内消费市场高效循环。长期来看，新型基础设施有利于深度赋能城市治理体系和治理能力现代化，助推社会服务便利化、普惠化，城市综合管理服务平台的应用提升了城市的感知、思考、应急能力，跨省通办、一网通办从政务服务端方便了群众、企业办事，智慧医疗、智慧教育让稀缺资源有可能实现跨地区、跨层级流动共享。

（二）首都基础设施数字智能发展阶段特征

1.基础设施现代化水平大幅提高阶段（2006—2010年）

2006—2010年，北京市以举办奥运会为契机，全面提速城市基础设施建设，实现了跨越式发展。这一时期，北京市积极推进信息化建设，加大投资力度，推动数字技术在各个领域的应用，为城市的现代化和智能化奠定了坚实基础。

首先，信息通信基础设施建设取得了长足进步。北京市在"十一五"期间大力推动宽带网络、移动通信网络等基础设施的建设和升级。特别是随着移动通信技术的快速发展，北京市在移动通信网络覆盖、速度和稳定性方面取得了显著提升，为市民提供了更加便捷、高效的通信服务。

其次，智能化应用逐渐普及。在这一时期，北京市在智能交通、智慧医疗、智慧教育等领域开展了一系列智能化应用的探索和实践。例如，通过智能交通系统的建设，实现了交通信号的智能控制、交通信息的实时发布等功能，有效提升了城市交通的运行效率和管理水平。同时，智慧医疗和智慧教育的推进也为市民提供了更加便捷、高效的医疗和教育服务。

最后，北京市还加强了政务信息化建设。通过建设电子政务平台、推动政务数据共享等方式，提高了政府服务效率和质量，为市民提供了更加便捷、透明的政务服务。

2.基础设施智能化水平逐步提升阶段（2011—2015年）

2011—2015年，北京市基础设施紧扣经济社会发展需求，直面城市发展难题和挑战。北京市的数字智能基础设施发展取得了更为显著的进步，为城市的智能化、信息化进程注入了强劲动力。以下是这一时期北京市数字智能基础设施发展的主要情况。

一是宽带通信网、新一代移动通信网和下一代互联网等基础设施建设快速推进。北京市在这一时期加大了对信息通信基础设施的投资力度，推动了宽带网络、移动通信网络的覆盖范围和质量的提升。特别是随着4G技术的成熟和商用，北京市的移动通信网络实现了质的飞跃，为用户提供了更快速、更稳定的数据传输服务。

二是云计算、物联网、大数据等新一代信息技术得到广泛应用。在这一时期，北京市积极推动云计算、物联网、大数据等新一代信息技术与各行各业的融合应用，提升了城市管理和服务的智能化水平。例如，在智慧城市建设方面，北京市利用物联网技术实现了对城市基础设施的智能化监控和管理；在交通领域，通过大数据分析提升了交通管理的精细化和智能化水平。

三是智慧城市建设取得重要突破。北京市在"十二五"期间积极推进智慧城市建设，通过整合各类信息资源、建设智慧城市平台等方式，提升了城市管理的智能化水平。同时，北京市还加强了与周边地区的合作，共同推动京津冀地区智慧城市群的建设，为区域协同发展提供了有力支撑。

四是数字产业快速发展。随着数字智能基础设施的不断完善，北京市的数字产业也得到了快速发展。一批具有竞争力的数字企业崭露头角，为城市的经济发展注入了新的活力。

3.基础设施数字智能化快速发展阶段（2016—2020年）

2016—2020年，北京市紧紧围绕"建设一个什么样的首都，怎样建设首都"这一重大时代课题，全力推动首都发展，城市发展正在实现深刻转型，基础设施发展开启了向高质量迈进的新阶段。这一时期，北京市的数字智能基础设施发展取得了长足的进步，为城市的智能化、信息化和现代化提供了强有力的支撑。

首先，北京市在宽带通信、新一代移动通信和下一代互联网等基础设施建设方面取得了显著进展。随着5G技术的研发和试点工作的推进，北京市的移动通信网络迎来了新的发展阶段，为用户提供了更快速、更稳定的网络服务。同时，北京市还加强了与周边地区的合作，共同推进区域通信基础设施的互联互通，为京津冀协同发展提供了有力支撑。

其次，云计算、大数据、物联网、人工智能等新一代信息技术在北京市得到了广泛应用和深度融合。这些技术在政府管理、公共服务、产业发展等领域发挥了重要作用，提高了城市管理的智能化水平，提升了公共服务的便捷性和效率。例如，通过大数据分析，政府可以更加精准地制定政策、优化资源配置；通过物联网技术，可以实现城市基础设施的智能化监控和管理；通过人工智能技术，可以提供更加智能化、个性化的公共服务。

再次，北京市还积极推进智慧城市建设，打造了一批具有示范意义的智慧城市项目。这些项目涵盖了交通、医疗、教育、环保等多个领域，通过运用新一代信息技术，提升了城市管理的智能化水平，改善了市民的生活质量。

最后，北京市还加强了与国内外先进地区的交流合作，引进了一批优秀的数字智能产业项目和人才，推动了数字经济的创新发展。

4.基础设施集约智慧精细化发展阶段（2021年以来）

2021年以来是北京落实首都城市战略定位、建设国际一流的和谐宜居之都的关键时期，新的形势和新的使命对基础设施发展提出了更高的要求。北京市数字智能基础设施的发展经历了飞速的变革与提升，为城市的智能化、信息化和现代化奠定了坚实的基础。以下是对这一时期北京市数字智能基础设施发展情况的概述。

一是基础设施建设的持续强化。在这一时期，北京市继续加大在宽带通信、新一代移动通信和下一代互联网等基础设施领域的投资力度。随着5G技术的全面商用，北京市的5G基站建设迅速推进，实现了城市重点区域的5G网络覆盖，为市民提供了更快速、更稳定的网络服务。

二是数字经济蓬勃发展。随着数字智能基础设施的不断完善，北京市的数字经济也得到了蓬勃发展。一批具有竞争力的数字企业崭露头角，为城市的经济发展注入了新的活力。

三是公共智算供给体系的初步建成。在2024年，北京市初步建成了公共智算供给体系，新增了约8000P的公共智算本地供给能力。这一举措不仅有力支撑了科技竞争和国民经济发展，也为北京市所有规上制造业企业实现数字化转型奠定了坚实基础。

四是顶层规划与政策支持不断加强。北京市还加强了顶层规划和政策支持，发布了一系列与数字智能基础设施发展相关的条例和纲要，如《北京市数字经济促进条例》和《北京市"十四五"时期智慧城市发展行动纲要》等。这些政策文件为数字智能基础设施的发展提供了有力的制度保障和政策支持。

二、制约因素

（一）新型基础设施建设与超大城市治理融通性不够

北京市新型基础设施建设总体进展较快，但对超大城市治理的底层支撑作用还不强，与城市精细化治理的融通性还不够。突出表现在云计算、物联网、AI、移动互联网等技术在城市治理应用上呈现散点化的特征，在缓解拥堵、解决2000万人口通勤问题的城市顽疾上尚未形成有效合力；智慧社区依然处于探索阶段，社区智慧化改造的供给能力与居民群众的需求不匹配，社区智能化改造资金的社会化投入机制依然不顺畅；城市治理的数据孤岛等问题依然存在，新型基础设施在强化公共设施、提升应急能力、完善服务体系等领域仍有较大的发展空间。

（二）新型基础设施重点领域应用场景拓展不快

以5G为例。个人应用方面，5G与消费、医疗、交通等重点应用场景的结合依然有限，尚未出现"杀手级"5G应用；企业应用方面，5G在工业互联网等重要新型基础设施领域的应用场景依然不足，由于工业企业基础不强，重点领域工业企业的内部数字化转型程度还不够，工业软件、网络协同等制造软实力还不足，5G技术与工业互联网深度融合依然处于探索阶段。由于5G存在高能耗与短覆盖的特性，更需要足够的应用场景牵引，从而提高运营商建设的积极性。

（三）新型基础设施要素循环机制不畅通

北京在人才、科技和资本等方面具有全国领先的优势，要素的聚集效应突出，但未能在新型基础设施建设方面充分汇聚，在新型基础建设、运营等方面形成的示范效应还不强。人才方面，新型基础设施建设的复合型人才依然不足，主要城市对核心技术人力资源的争夺形势严峻。资本方面，北京金融优势对新型基础设施建设的拉动效应还不明显，民间资本进行相应投资建设的积极性还不高。科技方面，北京科技创新能力全国领先，但在人工智能、工业互联网等核心技术方面与国外先进水平依然存在较大差距，且科技成果转化应用环境还不完善，科技成果产业转化有差距。

（四）新型基础设施网络安全风险逐步加大

在新型基础设施加快建设的大背景下，针对基础设施的远程攻击、数据窃取等风险持续增加，对于数字经济在全市经济总量中占比较高的北京而言，其影响更加明显。北京聚集了大量新技术应用平台和行业龙头企业，网络安全形势不容乐观。随着基础设施数字化、联网率的提升，将智能设备、智能硬件、物联网等作为攻击途径的安全事件风险将进一步增大。此外，由于工业控制系统产品漏洞的影响存在于交通、商业设施、政府机关等关键信息基础设施领域，随着技术应用的深化，相关的安全威胁也进一步加剧。

三、主要做法

借鉴国际先进经验，北京市不断加强城市综合管理信息化基础设施建设，提升基础设施精细化、智能化水平。积极回应新主体、新技术、新模式对百姓生活方式的深刻改变与影响。

（一）建设泛在高速的信息网络设施

一是加快5G网络、千兆固网应用。加快5G基站布局建设，实现城六区、郊区新城、重点功能区5G网络全覆盖。加速推进5G独立组核心网建设和商用，加强5G专网基础设施建设，在特殊场景、特定领域吸引社会资本参与5G专网投资建设和运营。积极推进千兆固网接入网络建设，以光联万物的愿景实现"百千万"目标，即具备用户体验过百兆，家庭接入超千兆，企业商用达万兆的网络能力。推进网络、应用、终端全面支持IPv6，推动3D影视、超高清视频、网络游戏、VR、AR等高带宽内容发展，建设千兆固网智慧家居集成应用示范小区，促进千兆固网应用落地。

二是加速车联网示范应用。加快建设可以支持高级别自动驾驶（L4级别以上）运行的高可靠、低时延专用网络，加快实施自动驾驶示范区车路协同信息化设施建设改造。搭建边缘云、区域云与中心云三级架构的云控平台，支持高级别自动驾驶实时协同感知与控制，服务区级交通管理调度，支持智能交通管控、路政、消防等区域级公共服务。以高级别自动驾驶环境建设为先导，打造国内领先的智能网联汽车创新链和产业链，逐步形成以智慧物流和智慧出行为主要应用场景的产业集群。

三是提升工业互联网基础能力。加快国家工业互联网大数据中心、工业互联网标识解析国家顶级节点（北京）建设，开展工业大数据分级分类应用试点，支持在半导体、汽车、航空等行业累计建设标识解析二级节点。推动人工智能、5G等新一代信息技术和机器人等高端装备与工业互联网融合应用，培育具有全国影响力的系统解决方案提供商，打造智能制造标杆工厂，形成服务京津冀、辐射全国产业转型升级的工业互联网赋能体系。营造产业集聚生态，加快中关村工业互联网产业园及先导园建设，创建国家级工业互联网示范基地。

四是提升政务专网覆盖和承载能力。以集约、开放、稳定、安全为前提，通过对现有资源的扩充增强、优化升级，建成技术先进、互联互通、安全稳定的电子政务城域网络，全面支持IPv6协议。充分利用政务光缆网和政务外网传输网资源，为高清视频会议和高清图像监控等流媒体业务提供高速可靠的专用传输通道，确保通信质量。完善1.4G专网覆盖，提高宽带数字集群服务能力。

（二）构建高效强大的智能数据设施

一是全面增强城市感知能力。建设全社会各行业、各领域感知神经元，全面感知人口、环境、交通、能源、经济、医疗卫生、安全等社会要素数据信息。开展交通设施改造升级，构建先进的交通信息基础设施。全面实施智能化灯控路口、信号灯升级改造，开展重要路口交通信号灯配时优化，实现主要道路信号灯绿波带全覆盖。建立机动车和非道路移动机械排放污染防治数据信息传输系统及动态共享数据库。完善城市视频监测体系，提高视频监控覆盖率及智能巡检能力。开展城市视频监控系统整合，实施多功能监控系统"一杆安装，数据共享"。

二是强化城市运行管理平台。升级城市数据的分析、研判、处置能力，全面升级城市驾驶舱，实现"一屏观天下、一网管全城"。强化以"筑基"为核心的大数据平台顶层设计，加强高价值社会数据的"统采共用、分采统用"，探索数据互换、合作开发等多种合作模式，推动政务数据、社会数据的汇聚融合治理，构建北京城市大脑应用体系。加强城市码、电子签章、数据分析与可视化、多方安全计算、移动公共服务等共性组件的集约化建设，为各部门提供基础算力、共性组件、共享数据等一体化资源能力服务，持续向各区以及街道、乡镇等基层单位赋能，逐步将大数据平台支撑能力向下延伸。

三是支持高效算力设施建设。加强存量数据中心绿色化改造，鼓励数据中心企业高端替换、增减挂钩、重组整合。推进数据中心从"云+端"集中式架构向"云+边+端"分布式架构演变。加快形成技术超前、规模适度的边缘计算节点布局。支持人工智能"算力、算法、算量"基础设施建设，支持建设北京人工智能超高速计算中心，打造智慧城市数据底座。支持建设高效智能的规模化柔性数据生产服务平台，推动建设各重点行业人工智能数据集1000项以上。建设政务区块链支撑服务平台，面向全市各部门提供"统管共用"的区块链应用支撑服务。围绕民生服务、公共安全、社会信用等重点领域，探索运用区块链技术提升行业数据交易、监管安全以及融合应用效果。

（三）打造普惠多样的智慧应用设施

一是构建协同一体数字政府。深化政务服务"一网通办"改革，升级一体化在线政务服务平台，优化统一申办受理，推动线上政务服务全程电子化。建设完善电子证照、电子印章、电子档案系统，支持企业电子印章推广使用，最大限度实现企业和市民办事"无纸化"。加快公共信用信息服务平台升级改造，推动信用承诺与容缺受理、分级分类监管应用。拓展"北京通"App服务广度、深度，大力推进政务服务事项的掌上办、自助办、智能办。依托市民服务热线数据，加强人工智能、大数据、区块链等技术在"接诉即办"中的应用，加快建设北京城市副中心智能政务服务大厅。

二是建设智慧城市管理平台。聚焦交通、环境、安全等场景，提高城市智能感知能力和运行保障水平。建设"一库一图一网一端"的城市管理综合执法平台，实现市、区、街三级执法联动。推进人、车、桩、网协调发展，制定充电桩优化布局方案，增加老旧小区、交通枢纽等区域充电桩、换电站建设数量。加快建设智能场馆、智能冬奥村、"一个App"等示范项目，打造"科技冬奥"。加快推动冬奥云转播中心建设，促进8K超高清在冬奥会及测试赛上的应用。

三是推进智慧民生设施建设。聚焦医疗卫生、文化教育、社区服务等民生领域，扩大便民服务智能终端覆盖范围。支持智能停车、智慧门禁、智慧养老等智慧社区应用和平台建设。建设全市互联网医疗服务和监管体系，推动从网上医疗咨询向互联网医院升级，开展可穿戴等新型医疗设备的应用。建设完善连通各级医疗卫生机构的"疫情跟踪数据报送系统"。支持线上线下智慧剧院建设，提升优秀文化作品的传播能力。推进"VR全景智慧旅游地图""一键游北京"等智慧旅游项目，鼓励景区推出云游览、云观赏服务。基于第三代社保卡发放民生卡，并逐步实现多卡整合。建设全市生活必需品监测体系。

四是加快数字产业融合发展。推动"互联网+"物流创新工程，推进现代流通供应链建设，鼓励企业加大5G、人工智能等技术在商贸物流设施的应用，支持相关信息化配套设施建设，发展共同配送、无接触配送等末端配送新模式。建设金融公共数据专区，支持首贷中心、续贷中心、确权融资中心建设运行。支持建设车桩一体化平台，实现用户、车辆、运维的动态全局最佳匹配。推进制造业企业智能升级，支持建设智能产线、智能车间、智能工厂。探索建设高精尖产业服务平台，提供运行监测、政策咨询、规划评估、要素对接的精准服务。

五是推动传统基础设施赋能。加快公路、铁路、轨道交通、航空、电网、水务等传统基建数字化改造和智慧化升级，助推京津冀基础设施互联互通。开展前瞻性技术研究，加快创新场景应用落地，率先推动移动互联网、物联网、人工智能等新兴技术与传统基建运营实景的跨界融合，形成全智慧型的基建应用生态链，打造传统基建数字化全国标杆示范。着力打造传统基建数字化的智慧平台，充分发挥数据支撑和能力扩展作用，实现传统基建业务供需精准对接、要素高质量重组和多元主体融通创新，为行业上下游企业创造更大发展机遇和更广阔市场空间。

（四）搭建协同前沿的科创平台设施

一是加强重大科技基础设施建设。以国家实验室、怀柔综合性国家科学中心建设为牵引，打造多领域、多类型、协同联动的重大科技基础设施集群。加强在京已运行重大科技基础设施统筹，加快高能同步辐射光源、综合极端条件实验设施、地球系统数值模拟装置、多模态跨尺度生物医学成像设施、空间环境地基综合模拟装置、转化医学研究设施等项目建设运行。聚焦材料、能源、生命科学等重点领域，积极争取重大科技基础设施项目落地实施。

二是注重前沿科学研究平台打造。突出前沿引领、交叉融合，打造与重大科技基础设施协同创新的研究平台体系，推动材料基因组研究平台、清洁能源材料测试诊断与研发平台、先进光源技术研发与测试平台等首批交叉研究平台建成运行，加快第二批交叉研究平台和中科院"十三五"科教基础设施建设。围绕脑科学、量子科学、人工智能等前沿领域，加快推动北京量子信息科学研究院、北京脑科学与类脑研究中心、北京智源人工智能研究院、北京应用数学研究院等新型研发机构建设。

三是促进产业创新共性平台创建。打造梯次布局、高效协作的产业创新平台体系。在集成电路、生物安全等领域积极创建国家产业创新中心，在集成电路、氢能、智能制造等领域探索组建国家级制造业创新中心，积极谋划创建京津冀国家技术创新中心。推动完善市级产业创新中心、工程研究中心、企业技术中心、高精尖产业协同创新平台等布局。

四是推动成果转化促进平台建设。支持一批创业孵化、技术研发、中试试验、转移转化、检验检测等公共支撑服务平台建设。推动孵化器改革完善提升，加强评估和引导。支持新型研发机构、重点实验室、工程技术中心等多种形式创新机构，加强关键核心技术攻关。培育一批协会、联盟型促进机构，服务促进先进制造业集群发展。

（五）完善安全公平的数据共享设施

一是建设基础安全能力设施。支持操作系统安全、新一代身份认证、终端安全接入、智能病毒防护、密码、态势感知等新型产品服务的研发和产业化，建立完善可信安全防护基础技术产品体系，形成覆盖终端、用户、网络、云、数据、应用的多层级纵深防御、安全威胁精准识别和高效联动的安全服务能力。

二是完善行业应用安全设施。支持开展5G、物联网、工业互联网、云化大数据等场景应用的安全设施改造提升，围绕物联网、工业控制、智能交通、电子商务等场景，将网络安全能力融合到业务中形成部署灵活、功能自适应、云边端协同的内生安全体系。鼓励企业深耕场景安全，形成个性化安全服务能力，培育一批细分领域安全应用服务特色企业。

三是打造新型安全服务平台。综合利用人工智能、大数据、云计算、IoT智能感知、区块链、软件定义安全、安全虚拟化等新技术，推进新型基础设施安全态势感知和风险评估体系建设，整合形成统一的新型安全服务平台。支持建设集网络安全态势感知、风险评估、通报预警、应急处置和联动指挥为一体的新型网络安全运营服务平台。

四是搭建数据交易服务设施。研究盘活数据资产的机制，推动多模态数据汇聚融合，构建符合国家法律法规要求的数据分级体系，探索数据确权、价值评估、安全交易的方式路径。推进建立数据特区和数据专区，建设数据交易平台，探索数据使用权、融合结果、多方安全计算、有序分级开放等新交易的方法和模式。

四、典型案例

（一）北京市（经开区）高级别自动驾驶示范区

1. 项目概况

2020年9月，北京市宣布建设全球首个网联云控式高级别自动驾驶示范区，以北京经开区全域为核心启动建设，并成立市级领导小组和示范区工作办公室，统筹各部门、各界资源和力量，推动智能网联汽车产业发展。经过两年的时间，示范区已圆满完成1.0试验环境搭建和2.0小规模部署各项任务，并持续扩大产业链关键要素企业集聚效应，形成了可复制推广的技术标准、政策体系、管理模式和应用场景。

在实践车路云一体化技术路线方面，示范区已经建成329个智能网联标准路口，双向750km城市道路和10km高速公路实现车路云一体化功能覆盖，城市级工程实验平台初具规模，"车、路、云、网、图、安全"高级别自动驾驶标准体系搭建完成；在创新政策管理体系方面，率先在国内设立首个智能网联汽车政策先行区，系统构建了"2+5+N"智能网联汽车管理政策体系，实现自动驾驶出租车、无人配送、无人零售和微循环接驳等八大类城市应用场景全面开放协同发展；在产业集聚效应方面，集聚百度、小马智行、主线科技、新石器等四十余家"车、路、云、网、图"产业链关键要素头部公司，共同参与示范区建设，并与清华、北大、国汽智联等国内顶尖高校与科研机构开展技术突破与产业研究合作，发布了全球首个车路协同自动驾驶数据集和开源开放的智能网联路侧单元操作系统"智路OS"。

2.项目成效

一是智能网联基础设施建设全面铺开。示范区1.0阶段已完成总长12.1km城市道路和10km高速道路的智能网联基础设施建设，创新国内首个"多杆合一、多感合一、多箱合一"的智能网联标准化路口建设方案。同时北京经开区还探索新型商业模式，设立亦庄数基建和北京车网两家专业化平台公司，全面降低综合建设成本。当前，示范区2.0阶段建设围绕北京经开区核心区60km^2、共计305个路口实现智能网联道路基础设施全覆盖，为高级别自动驾驶测试车辆和网联化量产车辆提供车路云一体化技术研发与功能验证场景。

二是打造全球网联智能汽车科技创新高地。大力推动路侧数据与云端数据赋能车端，构建全要素、多维度的数据服务体系，提升自动驾驶系统安全冗余能力，解决自动驾驶长尾效应；建立自动驾驶数据领域行业标准体系，构建完整的车路协同数据应用闭环体系，利用路端数据提供模型训练和数据挖掘服务，探索降低自动驾驶算法开发和道路测试成本的新模式；推出全球首个车路协同的时空全要素自动驾驶数据集，支撑车路协同算法训练，填补行业空白；研究基于群体大数据的自动驾驶群智协同技术，探索自动驾驶与智慧交通深度融合，推进跨域智能的实现，助力智慧数字城市建设。

三是引领自动驾驶道路测试与模式创新。手机App一键下单，Robotaxi到站接人，直接送至目的地；无人零售车挥手即停，扫码支付，一份美食随即到手；网购下单，装着货物的无人配送车便缓缓驶出，在配送站等候取件人……北京市依托示范区建设，设立国内首个智能网联汽车政策先行区，通过适度超前并系统构建了智能网联汽车道路测试、示范应用、商业运营服务以及路侧基础设施建设运营等政策体系，推动自动驾驶应用场景不断扩容。

截至2023年底，示范区已基本完成2.0阶段的建设，在北京经开区60km^2范围内实现了332个数字化智能路口基础设施的全覆盖，高级别自动驾驶车辆的城市级工程试验平台搭建完成；示范区3.0阶段的建设也将全面开启。示范区常态化开展测试和商业化服务的各类高级别自动驾驶车辆约300辆，累计发放乘用车号牌147张，无人车编码86个，卡车号牌4张，累计测试里程超400万km。在应用场景商业化方面，已开放自动驾驶出行服务商业化试点，累计服务人次超8万，社会群众广泛认可。无人配送场景已实现生鲜配送和快递配送的实际运营，正逐步拓展应用范围。无人零售、自动驾驶警务巡逻、微循环接驳和公园漫游车等场景也已走进市民身边。

（二）北京市（房山区）良乡大学城无线网络及监控管理系统

1. 项目概况

随着智慧创新逐步融入世界的具体运作，通过科技手段打造智慧城市，是未来的发展趋势。良乡大学城无线网络及监控管理系统，以坐落在管委会的管理运营服务中心为依托，包括了私有云系统、安全设备系统、沙盘可视化系统、大屏展示系统以及城市大脑应用系统等子系统。

整个系统对辖区数据资源进行有效整合，以实现对辖区范围内管理的全连接、全覆盖，通过指挥中心大屏及沙盘展示进行实时呈现，为高校和城市运行管理、安全、服务等提供保障。系统结合了城市综合指挥调度平台、市民热线12345管理平台、城市综合治理平台、街道网格化管理平台、市政公用平台以及区域内视频监控系统，实现"多网"的高效融合与统一管理，达到"一屏知全域、一网管全局"，充分体现了基层治理的智慧。良乡大学城建设项目存在九大实践应用。

一是应急指挥平台。当园区遇到重大事件时，启动相应预案，促进快速反应、统一应急、联合各部门统一行动，大屏可视化实时提供动态监测、基础资源、事件位置、影像数据、数据分析等，辅助管理者进行突发性公共事件决策。

二是大数据治理中心。对接各子系统、委办局等多源数据，通过信息资源管理标准形成园区数据基础库，方便各委办局、各部门共享调用，利用数据进行分析建模，协助园区管理，辅助领导指挥决策。

三是信息基础设施系统。针对良乡大学城的中央绿化景观区进行综合规划，建设内容包含智能照明、车流人流监测、公共安全、环境监测、智能基础设施等，打造面向未来的示范区。

四是平安大学城系统。进一步实现安全设施全面覆盖及智慧安防应用，如5G安保机器人示范应用；实现良乡大学城"人、车"管理的立体化、可视化和可控化，通过人脸检测和车辆识别，对外来人员入侵进行及时预警。

五是智慧交通系统。构建大学城智慧交通体系，实现对交通运输体系中的人、车、路、环境的全面感知、泛在互联、协同运行、高效服务。

六是大学城"互联网＋管理服务"建设。对接房山区政务服务开放共享平台，建设统一的大学城综合信息服务平台，打造"良乡大学城政务App"及"北京良乡大学城微信公众号"，提高服务办事效率，打造校园服务平台、共享图书馆、共享课程、共享餐厅、共享体育馆。

七是智慧社区系统。在管理中心部署系统管理平台、智能服务等设备对人脸数据进行分析监测、报警联动和运维统计，对出租房、承租人、外来人员等进行管理，为监管部门提供决策支持，提高社区的安全管理，并在公安部门案件侦查和事件研判中发挥巨大作用。

八是智慧校园系统。开发建设良乡大学城统一图书馆资源共享平台，整合各校授权公开的图书文献、电子资源等数据，提供统一的检索界面和展示格式，促进图书资源有效利用，促进达成五校共建资源共享协议，以期实现五校共同设置馆载资源的预约、借阅、归还、逾期处罚、身份验证等机制。

九是绿色大学城系统。建设楼宇能源监测管理系统，实现对能源的智能化、精细化管理，为楼宇使用者营造更好工作生活环境，并通过优化设备运行与管理，节约建筑能耗使用，降低运营费用。

2.项目成效

良乡大学城无线网络及监控管理系统基于对辖区数据资源进行有效整合与应用，建立起"用数据说话、用数据决策、用数据管理、用数据创新"的管理机制，支撑基层单位开展城市精准管理决策与城市智慧治理工作，有效缓解城市各类社会治理问题，更好地实现城市绿色低碳与高质量发展。项目的实施有效缓解了大学城的街头游商、店外经营、户外广告、共享单车占道停放等各类违法行为。在疫情期间，有效落实人员管理，保证校内正常运营以及对外来人员入侵的及时预警，及时对接区中心的服务窗口，为房山区统一决策部署提供数据支持和科学抓手。

(三)北京市(东城区)开启"热线＋网格"便民服务模式

1.项目概况

东城区城市管理指挥中心以落实城市管理系统"接诉即办"工作为抓手，发挥网格化城市管理的优势，以协同治理、主动治理、智慧治理、长效治理为导向，紧紧围绕民生痛点，不断深化"吹哨报到""接诉即办"改革，推动"热线＋网格"便民服务模式落地。此外推进"每月一题"工作，对群众的高频、难点问题，提高前瞻性，由点到面，从难处着手，攻坚克难，着力推进东城区"攻百难，解民忧"专项行动，分3年解决群众百项诉求，推进"春风行动"，对58个重点诉求人提供专业心理疏导，扫除诉求人的心理阴霾，效果显著。

为促进"热线+网格"服务模式更好地发挥作用，夯实数据底座，推动信息化项目"热线+网格"平台系统进行升级改造，将接诉即办系统从原有网格系统中独立出来，建立统一用户框架的"热线+网格"系统平台，开发"热线+网格"相关功能，构建与业务处理数据库同步的查询统计数据库，实现"热线+网格"的数据融合。

一是重新规划数据库资源。降低"接诉即办"系统与现有网格化系统的约束关联，减少"接诉即办"系统与网格化系统更新互相影响，实现业务数据库与查询统计数据库的分离，保持业务数据库的轻量化，使"热线+网格"数据深度融合。

二是加强多场景数据分析应用。为数据深度挖掘提供基础，为"每月一题""七有五性"监测和领导决策提供支持，设计规划统一的数据接口，提升系统的可扩展性，方便区街两级系统对接，充分发挥街道在"接诉即办"工作中的主动性，兼容街道网格化管理方式的多样性，提升东城区以"接诉即办"为牵引的社会治理水平，稳步提高市民满意度。

三是不断优化平台工作流程。开发AI智能推荐派遣，基于历史数据的最后一个处置部门，结合案件的描述、类别、定位等信息，自动推荐派遣部门。打通"吹哨报到"子系统，利用"吹哨报到"的优势，提升"接诉即办"疑难案件的处置效率。同时，对标市级"接诉即办"业务流程，在处置回退阶段依据具体的业务需求从回退流程、字段配置、附件等方面，优化现有"接诉即办"系统。优化城市管理网格案件结案流程，基于现有的结案节点的各项功能的基础上，新增、打造结案流程、小循环结案流程子模块，充分利用整个平台的三级架构管理体系。

四是加强"热线+网格"案件协同。增设城市管理群众诉求核实模块，发挥网格定位准、限时短的监督优势，由监督员到现场进行核实，助力群众诉求精准点位的摸排和"有图有真相"的办理结果监督，系统支持做好及时通知、正常转派、全程留痕、网格立案的流程操作。

2.项目成效

北京市东城区坚持问题导向，依托市民服务热线和城市管理网格化平台，积极探索"热线+网格"融合发展新模式，打造快速反应、处置高效的"热线+网格"

融合平台。平台充分运用热线大数据和网格巡查机制互补互用，加强主动治理，助推城市精细化治理水平提升。"热线＋网格"的新模式将群众参与因素注入基层治理过程，既对市民在治理过程中的角色进行重新定位，又在政府回应的各个环节中提供激励和监督，从而打通了基层治理的"血脉经络"，推进基层治理现代化，使人民群众的获得感、幸福感、安全感更加充分。

一是"热线＋网格"服务模式不断夯实。通过不断探索东城区"热线＋网格"模式初步实现了平台融合、标准融合、队伍融合、考核融合、数据融合，推动城市管理网格和热线社会服务网的融合发展，发挥互补优势，不断提升城市管理和社会治理水平，持续满足群众对美好生活的向往。

二是网格体系不断优化。来源渠道更加广泛，完善"区—街—社区"三级管理体系，将垃圾分类、环保巡查等重点工作纳入考核，构建"综合监管"格局。工作外延不断拓展，创新在疫情防控及维稳中发挥网格化监管的作用。核酸点周边秩序检查发现问题近3千件，卡口值守情况检查发现问题2.6万余件，"二十大"期间"守望岗"值守情况检查问题2.8万余件。持续展现网格监管能力，连续3年来区街两级年度上报问题量突破100万，其中今年以来由街道多元力量组成的队伍上报小循环量40余万件。

三是诉求办理更加规范深入。做好主动治理"未诉先办"，推进"每月一题"工作，对群众的高频、难点问题，提高前瞻性，由点到面，推动12类13个"每月一题"开展，从难处着手，攻坚克难，着力推进东城区"攻百难，解民忧"专项行动，分3年解决群众百项诉求，2022年重点推进其中28项。2022年1—10月，东城区共受理接诉即办群众诉求近20万件，平均响应率99.4％，平均解决率94.8％，平均满意率95.2％。

（四）回天城市大脑：超大型社区大数据治理实践探索

1.项目概况

回天地区"城市大脑"（以下简称"回天大脑"）以北京市委重要批示"用大数据管理回天地区"为指导，主要目的是基于民生大数据对回龙观、天通苑大型社区基层治理提供数据赋能。"回天大脑"基于"1+1+3+N"体系架构，形成领导驾驶舱与可视化指挥调度中心（大屏）、区级综合治理平台（中屏）、移动端应用综合服务平台（小屏）三屏联动的应用服务体系，初步完成基层治理、社区管理和交通出行3个领域9个应用场景的建设，让"大数据管理回天地区"变为现实。

"回天大脑"的建设回应了城市大型居住区治理过程中所面临的普遍性问题，从先行先试和示范创新角度进行超大型社区社会治理创新实践，实现资源共享、优势互补、协同合作探索城市精细化治理，形成可复制、可推广、可成长的城市大脑建设模式。

　　"回天大脑"构建从城市基础设施、数据底座、"大中小"三屏联动到多领域智能应用的"1+1+3+N"的四级架构贯通体系，推动智慧城市平台化架构、开放式体系在回天地区先行先试。第一个"1"是指城市基础设施，包括4/5G网络、物联网络、城市部件以及雪亮工程。第二个"1"是指数据底座，基于昌平区政务外网、政务云等已有基础资源，通过市级下沉、区级协调、社会提供三种途径汇集政府数据及社会数据，确保数据底座的可靠性和鲜活性。"3"是指领导驾驶舱、综合治理平台、移动端应用服务平台的三屏联动，实现大屏观态势、中屏统调度、小屏优处置。"N"是指面向社区管理、街镇治理、区级赋能的应用体系。

　　目前，"回天大脑"通过建设一批助力基层治理的应用场景，点上突破、以点带面，实现"用数、汇智、赋能、联动、增效"。

　　基层治理场景。汇通市、区、基层数据和社会第三方数据，形成回天地区大数据底座，通过数据的分析、诊断与监测，实现整体态势感知。同时对接12345市民服务热线等实时数据，协同打通"接诉即办"与"吹哨报到"，推进回天地区群众诉求未诉先办。

　　交通出行场景。通过"回天大脑"人工智能的模型算法，优化信号灯配置，自动化动态调整车道通行方案。通过搭建智能化平台，对各类车位进行数字化管理和共享式运营。通过与共享单车运营企业进行数据连通，结合视频感知数据比对，自动激发企业与政府人员进行处置。

　　社区管理场景。通过智能监控以及工作人员布控，实时对社区围墙非法入侵、占用消防通道、人流非正常聚集、高空抛物等行为进行智能分析，输出告警数据，守护小区平安。通过创新推出"绿色积分打卡"，驱动垃圾分类共治，督促居民对厨余垃圾进行分拣。通过精细化人口分析，实现群租房精准高效治理。

　　2.项目成效

　　"城市大脑"是现代城市基础设施，助推城市治理体系和治理能力实现现代化。"回天大脑"综合运用云计算、大数据、物联网、人工智能、数字孪生等新一代信息技术，形成集感知、分析、预警、处置、服务、反馈、评价等功能于一体的区级城市大脑基础框架，完善了区级智慧城市基础设施建设，初步形成了区域数据资源汇聚融合、运行态势多源感知和业务流程优化再造的运转体系，有效支撑回天地区治理能力提升和管理模式创新，为超大型社区基层治理提供了典型示范。

目前，回天邻里小程序已注册人数91462人，小屏政务端累计注册2720人，社区人口管理方面累计清洗录入回天地区"六街一镇"共计100余个社区，收录74万余人口数据。

基层治理方面。打通"未诉先办""接诉即办"和"吹哨报到"，利用"回天大脑"的智能化能力实现问题的预先处置，促进了街道基层治理模式由"被动式处置"向"主动式管理"转变，使街道实现由"管"到"治"。

交通出行方面。在天通苑地区选取5个路口开展试点，通过联网信号机在安全范围内实时调整路口信号灯配置，均衡分配道路交通流，软硬件安装部署完毕，试运行以来车辆通行效能提高10%，早晚高峰延误指数下降10%。

社区管理方面。针对垃圾分类问题，通过回天邻里小程序进行线上宣传、积分兑换等方式，促进居民参与垃圾分类，提升厨余垃圾分出率。针对回天地区居民停车难、高空抛物、消防通道堵等生活痛点，利用大数据和AI技术识别分析各种行为线索，开发共享停车、高空抛物轨迹追踪、消防通道柔性执法等智能应用，辅助社区进行精准治理，让基层工作者更能轻松应对繁琐的管理工作。

首都基础设施市场化发展实践

市场化能够激发市场活力和竞争机制，优化资源配置，拓宽融资渠道，提升管理服务水平，促进技术创新，进而提高基础设施建设和运营效率，满足人民群众日益增长的美好生活需要，促进经济社会持续健康发展。

一、城市基础设施建设市场化综述

（一）城市基础设施建设市场化投融资概念

市场化是指有形资源从政府计划调配到市场调配转变的过程。融资是投资的主动方对项目的资金来源的一体化融资渠道、融资方式以及融资数量等一系列的融通资金的行为。这种通过市场机制来调节价格、供求以及自然的市场竞争调节是市场化的重要核心，而融资方式分为两种：权益性的融资和债务性的融资，而融资形式分为直接融资和间接融资两种，在融资的过程中应该注意将融资的数量与规模、融资的渠道与方式、融资的融通与投放结合起来提高经济效益、优化资本结构等融资问题。

以项目区分理论为基础，按照项目是否存在收费机制（资金流入），以及收费机制下的资金流入是否可以完全覆盖项目成本这两个标准，将基础设施项目分成三类。

一种是非经营性基础设施项目：此类项目无收费机制，目的是获取社会效益和环境效益，这类投资只能由代表公共利益的政府财政来承担。

另一种是经营性基础设施项目：此类项目有收费机制，有资金流入。可通过市场进行有效配置，其动机与目的是利润的最大化，其投资形成是价值增值过程，可通过全社会投资加以实现。

此外还有一种称为准经营性基础设施项目：有收费机制和资金流入，具有潜在的利润，但因其政策及收费价格没有到位等客观因素，成为无法收回成本的项目；具有一定的公益性和竞争性，但由于其经济效益不够明显，市场运行的结果将不可避免地形成资金供给的诸多缺口，要通过政府适当贴息或政策优惠维持营运，待其价格逐步到位及条件成熟时，可转变成纯经营性项目（通常所说的经营性项目即为纯经营性项目）。

（二）城市基础设施建设项目市场化特点

非经营性项目基本没有收益，主要是通过政府纳入预算财政资金和发行一般债券融资进行投资，通常可采用项目代建制方式，由公益类国企或其他社会资本方建设，但对于一些允许长时间由社会资本方管理运营的工程建设项目可采用PPP模式。

经营性项目的市场化程度较高，可由企业进行市场化投资，自主经营、自负盈亏，主要采用PPP模式，也包含股权合作模式。因此，地方基础设施建设应根据自身特点，选择适合的投融资模式，同时，要根据项目是否可长时间由社会资本方管理运营，采用不同的模式。

由于准经营性项目的市场化程度不够充分，若不希望长期由社会资本方管理运营，可通过发行地方政府专项债券筹资，也可采取股权合作模式；若允许长时间由社会资本方管理运营，可采用PPP模式、ABO模式及股权合作模式，但政府需要给予财政缺口补助。

公共基础设施属于纯公共物品或准公共物品，它内在的公益性、自然垄断性和使用的有偿性，决定其同时具有"社会性"和"市场性"的双重属性，采取完全市场化的难度大，必须政府介入以满足公众和社会发展的需要，主要体现在以下几方面：一是基础设施公益性所带来的价格管制与社会资本利润最大化的特点相矛盾。基础设施提供的都是基本公共服务，具有明显的公益性，政府往往对基础设施有偿服务实施价格管制，给予社会资本相对较低的回报率，对社会资本参与的积极性造成一定的影响。二是基础设施自然垄断性带来的准入壁垒对市场竞争机制的引入造成障碍。基础设施自然垄断性的特点容易混淆基础设施领域不同环节的经济属性，从而导致国有资本采取垂直垄断一体化的大一统经营模式。社会资本进入基础设施领域的同时，必然面临国有资本退出的问题，利益相关者不可避免产生抵触心理，并利用其掌握的自然垄断环节对可市场化环节施加影响，导致基础设施市场化出现天花板效应。三是基础设施建设投资大、回收期长的特点不利于社会资本的投入。

基础设施普遍投资较大，尤其是在北京，受人工材料价格及征地拆迁的影响，基础设施建设成本远高于其他省市，而且建设周期长和使用周期长，对于投机性较强的社会资本而言，缺少吸引力，影响社会资本参与的规模。

（三）城市基础设施投融资模式

1. 基础设施传统融资模式

目前，运用于我国基础设施的传统融资模式主要有债权融资和股权融资。债券融资包括银行贷款、债券融资、融资租赁等模式。股权融资包括国家和地方政府直接投资、发行股票、民间资本等模式。

2. 基础设施创新型融资模式

在基础设施项目建设融资模式的选择上，除了传统的融资模式外，国内外也涌现出了较多创新型融资模式。这些创新型融资模式与资本市场的特点和优势充分地结合，在市场化融资工具的基础上进行延伸，有效地引导社会资源进入基础设施领域，满足了各类基础设施建设项目对资金的不同需求。基础设施领域新型融资模式主要包括PPP、BOT、TOT、PFI、特许经营、ABS、ABO、REITs等。

（四）投融资体制改革回顾

改革开放以来，随着我国经济体制改革的深化以及北京经济和社会的不断发展，北京城市基础设施投融资体制经历了由浅入深、不断加大的渐进式改革过程。尤其是北京申奥成功和2003年党的十六届三中全会通过了《中共中央关于完善社会主义市场经济体制若干问题的决定》后，北京城市建设进入了一个大规模建设时期，北京城市基础设施投融资体制改革也随之进入了一个新的历史时期，初步确立了市场经济条件下城市基础设施投融资体制的初步框架，研究提出和推广了一些创新性的做法和方式，积累了不少有益的经验。

总体来看，北京城市基础设施投融资体制改革是围绕政府与市场的关系来进行的，由政府统包统揽的集权方式逐渐分散和下放权力，逐步增强作业的力量，逐步引进市场经济成分，逐渐引入市场机制，到最终确立市场化改革目标，由政府为主配置资源向由市场在资源配置中发挥基础性作用的方向不断演进。大致来看，北京城市基础设施投融资体制改革历程可分为以下四个阶段。

1. 起步阶段（1979—1987年）

1979年，国家在北京、上海、广东三个省市及部分行业实行基本建设投资

"批改贷"试点，标志着固定资产投资管理体制改革正式拉开了序幕。1980年，国家又扩大基本建设投资"拨改贷"的范围，规定凡实行独立核算、有还款能力的企业，都应实行基建拨款改贷款制度，变无偿使用资金为有偿使用资金，严格控制财政拨款项目，贷款项目计划必须安排落实，扩大贷款单位的自主权，把经济责任、经济权力和经济利益结合起来。1984年10月，国务院同意国家计划委员会《关于改进计划体制的若干暂行规定》，根据"大的方面管住管好、小的方面放开放活"和"简政放权"的精神，加快计划体制改革步伐。主要内容包括：一是放宽地方、部门基本建设、技术改造项目的审批权限，简化项目的审批手续；二是积极引入外商直接投资进入建设领域，初步拓宽资金来源渠道，实行投资有偿使用；三是对部门和地方逐步实行投资大包干，实行招标投标和承包责任制等。1985年1月起，"拨改贷"在全国各行业全面推行。

按照国家政策，北京市在基本建设、固定资产投资体制方面也进行了相应的改革。一是对基本建设中的激励约束机制进行了探索，实行权、责、利相结合的经营管理责任制，采取了一些分散和下放权力的举措，如北京市计划委员会于1985年5月出台了《北京市基本建设项目投资包干责任制试行实施细则》，于1987年8月出台了《关于改革委内基本建设计划管理的暂行办法》。二是加强了项目前期工作。为提高决策的科学性，北京市于1986年成立了北京市工程咨询公司（现为北京市工程咨询股份有限公司），受北京市计划委员会委托负责审议项目设计任务书（可行性研究报告），将原有政府部门承担的职能进行市场化。三是拓宽基本建设资金来源渠道。北京市于1986年制定出台了《关于在规划市区内征收城市基础设施"四源费"的暂行规定》。四是出台了落实"拨改贷"政策的配套文件。

从各项改革措施来看，这一阶段改革明显带有"简政放权"的特点，更多地表现为原有计划体制内的改良，为以后各项改革包括基础设施投融资体制、国有企业管理体制以及金融体制改革的推进打下了基础，创造了有利的条件。

2.突破阶段（1988—1992年）

1988年，国务院印发《关于投资管理体制的近期改革方案》，标志着投融资体制改革从"简政放权"向改善投资宏观调控体系、重视市场和竞争作用的方向转变。改革内容主要包括以下内容：一是初步明确中央与地方政府的投资权限与范围；二是扩大企业投资决策权，使企业成为一般性建设的投资主体，强化自我约束机制；三是建立基本建设基金制，保证重点建设资金来源；四是成立投资公司，用经济办法对投资进行管理；五是"简政放权"，改进投资计划管理；六是强化投资主体自我约束机制，改善宏观调控体系；七是实行招标投标制，充分发挥市场和竞争机制的作用。

在这一阶段，北京市在建立投资公司和建立基金制方面动作较大。1988年7月，北京市政府批转了北京市计划委员会《关于建立基本建设基金制和组建北京市综合投资公司的请示的通知》；1988年5月出台了《关于征收电力建设资金的暂行规定》；1988年开始征收综合开发市政费和分散建设市政费；1989年出台了《北京市地下水源养蓄基金征收办法》；1991年出台了《北京市计委等部门关于进一步做好地方级"拨改贷投资"工作的通知》；1992年在进一步放松政府对投资的管制、下放审批权限、实施投资许可证管理加强投资宏观管理方面进行了改革。

这一时期的改革首次触及了投融资体制问题，并把投资宏观调控、投资管理体制、国有企业运营机制、项目管理机制的改革结合起来考虑，在原有的计划体制内实现了多点突破，开始从根本上打破计划体制主宰一切、完全忽视市场作用的局面。

3.深化阶段（1993—2002年）

以1992年党的十四大通过的《中共中央关于建立社会主义市场经济体制若干问题的决定》为标志，我国经济体制改革初步明确了市场经济的发展方向，进入了建立社会主义市场经济体制基本框架的新阶段，基础设施投融资体制改革相应进入了在计划体制仍然起主导作用的情况下大量引入市场化做法的阶段。这一时期改革的主要内容包括：一是改进投资计划管理体制弱化投资规模指标；二是实行项目法人责任制、固定资产投资项目资本金制度、招标投标制和工程监理制，规范投资主体风险约束机制；三是开展"贷改投"试点工作；四是将投资项目划分为竞争性、基础性和公益性三类分别管理；五是组建政策性银行，主要承担基础设施、基础产业和支柱产业的资金配置任务，实行商业性贷款和政策性贷款相分离。

这一阶段，北京市投资体制改革也加快了步伐。首先是在1993年推行建设项目业主责任制，并从这一年连续3年加大了固定资产投资在建项目的清理力度，加强了对固定资产投资的宏观调控工作；1996年、1997年在项目管理、土地使用权出让转让等方面进行了一些改革，同时在"贷改投"、发行企业债券方面根据国家政策出台了一些文件。尤其是1999年，由北京市政府批转了北京市计划委员会《关于深化本市基础设施投融资体制改革若干意见的通知》，首次系统地提出了深化基础设施投融资体制改革的总体意见，并推行实施招标投标制。此外，北京市还加大了对政府投资管理的改革力度，于1999年10月出台了《北京市政府投资建设项目管理暂行规定》；为引入社会资金，北京市还于2000年首次提出了投资补偿的概念，北京市政府批转了北京市计划委员会《关于对经营性基础设施项目投资实行回报补偿意见的通知》。

4. 市场化阶段（2003年以来）

2003年，党的十六届三中全会通过了《中共中央关于完善社会主义市场经济体制若干问题的决定》，标志着我国改革开放进入全面完善社会主义市场经济体制的新阶段。2004年，国务院《关于投资体制改革的决定》正式颁布实施，提出要在投资领域内充分发挥市场在配置资源中的基础性作用。2014年，国务院颁布《关于创新重点领域投融资机制鼓励社会投资的指导意见》，进一步明确市场在资源配置中所起的决定性作用。2018年，中共中央、国务院颁布《关于深化投融资体制改革的意见》，指出要着力推进结构性改革尤其是供给侧结构性改革，充分发挥市场在资源配置中的决定性作用和更好发挥政府作用。2020年，中国证监会与国家发展改革委联合发布了《关于推进基础设施领域不动产投资信托基金（REITs）试点相关工作的通知》，进一步提升资本市场服务实体经济能力。

在这一时期，为适应实施"新北京、新奥运"发展战略的需要，2003年，北京市政府批准了北京市发展改革委《关于深化本市城市基础设施投融资体制改革的实施意见》，确立了城市基础设施投融资体制的市场化改革方向。2003年，北京市颁布了《北京市城市基础设施特许经营办法》，积极推进城市基础设施投融资体制改革，在引入社会资金规范政府投资等方面进行了大胆创新，取得了较为明显的阶段性成果。2005年，北京市颁布《北京市城市基础设施特许经营条例》，进一步扩大城市基础设施的融资渠道，规范特许经营活动。北京市在2013年7月发布了《引进社会资本推动市政基础设施领域建设试点项目实施方案》，采用"模式＋政策＋项目"的方式，向全社会发布了轨道交通、道路、污水处理等6个领域126个市场化项目试点清单。2005年，北京市印发《贯彻实施国务院关于投资体制改革决定的意见》，为进一步推动北京市城市基础设施投融资体制改革指明了方向。为贯彻落实国家文件要求，2015年，北京市印发《关于创新重点领域投融资机制鼓励社会投资的实施意见》，提出深化投融资体制改革，鼓励和引导社会投资健康发展，通过深化改革创新不断激发市场主体活力。2021年，北京市发布《关于支持北京市基础设施领域不动产投资信托基金（REITs）产业发展的若干措施》等文件，鼓励社会资本参与基础设施建设与运营，成为全国首个发布REITs文件的城市。通过REITs盘活基础设施资产后，可以为企业提供有效的权益型融资工具，增强基础设施企业再融资能力，打通"投资—运营—退出—再投资"的完整链条，形成投融资闭环，并可广泛吸引保险、社保、理财以及公众投资者等各类资金参与新的补短板和新型基础设施建设。

从总体上看，这一时期改革在城市基础设施领域已经全面铺开，基础设施建设和运营市场的制度框架基本确立，投融资环境得到较大改善，市场开放、主体多元、投融资方式多样的态势已经形成。

二、制约因素

当前，北京城市基础设施建设仍处于大力发展阶段，基础设施建设政府投资的资金需求量持续增长，如何缓解大规模城市建设的资金压力，化解政府债务风险，吸引社会资本投入是下一步投融资工作中需要思考的问题。

（一）社会资本投资活力仍然不足

"十三五"时期，北京市基础设施累计投入12568.5亿元，占全市全社会固定资产投资比例约30%，较"十二五"时期增长近4%。面对基础设施领域固定资产投资不断扩大的局面，民间投资进入基础设施等领域仍有障碍、融资难融资贵等矛盾问题仍然存在，直接影响投资者对基础设施重点领域的投资信心，导致投资者服务主动性、积极性不够。

（二）建设投资实现良性循环仍然存在一定困难

基础设施建设前期的征地拆迁、土地一级开发成本巨大，而受基础设施公益性特征的限制（如没有现金流的非经营性市政道路），或受公共服务价格水平的限制，抑或是受投资回收限制（如综合管廊入廊管线单位缴费意愿低），导致基础设施企业不能依靠自身收益偿还信贷资金，无法建立基础设施建设资金的良性循环，在一定程度上仍然依靠政府财政支出或阻碍相关基础设施可持续发展。

（三）社会资本进入基础设施领域投资渠道不畅

尽管基础设施领域对非国有资本进入没有明确的限制，但从基础设施建设的投资建设主体来看仍以国有企业为主。一方面，基础设施领域长期以来以政府和国有企业投资为主，国有单位已形成巨大的存量，主导了大部分项目建设。另一方面，部分基础设施领域（如轨道交通）项目存在投资量大、建设周期长、资本流动性差等特点，多数非国有资本则普遍生命周期短、资金实力不足和对流动性要求高，缺乏明确的参与路径。此外，非国有资本在融资、经营场所和生产设施获取、项目前期手续办理等方面也存在更多困难。

（四）融资渠道和融资方式创新力度不足

从北京市目前融资现状分析，基础设施建设资金仍以国有银行贷款为主，商业银行贷款对长期资金需求的支持明显不足，基金、保险、信托等多元金融资本参与基础设施建设的合规渠道尚未彻底打通，资产证券化、融资租赁等可通过基础设施资产来产生现金流的融资方式尚未得到广泛实践，缺乏加快资金周转、分散投资风险的有效方式。此外，部分基础设施价格不到位，融资能力受限，投资回收期长，也影响了社会资本进入的积极性。

（五）市场化水平有待提升

基础设施投资在拉动经济增长中发挥着重要作用，多年来，北京基础设施投资总体上保持增长趋势，面对城市副中心建设、尚需规划实现的轨道交通设施，以及支撑未来高质量发展的巨大投资需求，需要切实发挥政府投资的带动作用，进一步推进基础设施领域市场化水平，积极引入社会资本参与基础设施建设和运营，缓解投资压力。

三、主要做法

（一）放开基础设施投资、建设和运营市场

改革政府审批和社会投资管理制度。北京市加快转变传统审批观念，强化项目管理的服务职能，充分发挥市场配置资源的基础性作用，提出了今后审批制度改革的总体要求，即凡符合北京市城市总体规划、国家产业政策规定、环保及行业技术要求的非政府投资项目，一律由审批改为登记备案或核准制，以尽快建立形成符合社会主义市场经济要求的审批管理制度，同时对行政许可和审批事项进行精简。一是放开社会投资领域。除国家法律法规有特殊规定的领域以外，所有投资领域一律向社会资本开放。尤其要打破地区、所有制、内外资界限和行业垄断，开放轨道交通、收费公路、供水、供气、供热、污水处理、垃圾处理等经营性基础设施领域以及社会公益事业领域。二是放开非政府投资项目审批。一律取消非政府投资

项目审批，落实企业投资自主权。对非政府投资建设的鼓励类项目，取消审批项目建议书、可行性研究报告和开工报告，改为核准和登记备案制，同时缩短项目办理时间。非政府投资项目中，对国家和北京市政府规定的重大项目和限制类固定资产投资项目，主要从维护经济安全、合理开发利用资源、保护生态环境、优化重大布局、保障公共利益、防止出现垄断等方面进行核准。

全面深入推行招标投标制。在政府投资项目特别是基础设施的投融资建设全过程中，引入市场经济的公开、公平、公正、竞争的理念，全面深入地推行招标投标制，实行全过程招标，推广公开招标，努力推动建立透明、规范的操作机制，力争打破各种垄断，杜绝不规范和暗箱操作，提高建设效率和投资效益，为引入社会资本和市场竞争机制创造了平等条件。

完善投资促进服务体系。为把社会投资顺利导入北京市城市基础设施建设和经营领域，为基础设施建设和经营市场的开放创造条件，北京市建立起了"投资北京"服务平台。该平台为投资者提供全方位中介服务，为办理相应手续提供"后勤化"支持，促进资金与项目的对接，逐步发展成为市场化招商引资的平台，进而推动建立全市投资促进服务体系；通过公开征集方式建立项目储备库，实现政府投资项目筛选中部分政府职能的社会化，减少不规范运作和暗箱操作；向政府及时反馈投资人意见和要求，并通过市场调研向政府提供相关政策建议。

建立并实施特许经营制度。为加快城市基础设施建设，推进北京城市基础设施建设和运营的市场化进程，北京市于2003年发布实施了《北京市城市基础设施特许经营办法》，在总结该办法试行两年的基础上，于2005年正式发布实施《北京市城市基础设施特许经营条例》。首次以法律形式确立了北京市面向境内外各类投资者开放城市基础设施市场的重大政策，明确了市场开放的范围、社会资金进入的方式，提出了规范性的操作程序，设定了各部门的权责，并首次将存量基础设施资产的市场化以特许经营的形式纳入政策考虑范畴，改变了以往社会投资者进入无门、政策模糊、无章可循、难以操作的状况，有利于建立规范透明的市场准入制度和市场监管制度，为在北京城市基础设施项目投融资领域大规模引入社会资金、建立北京市城市基础设施建设和运营的市场化制度奠定了框架基础。

改革政府对社会投资的调控方式。一是把信息披露作为调控社会投资的重要手段。在改革中，北京市不断提高政务透明度，高度重视信息披露对引导社会投资的作用，建立了信息披露制度，通过披露产业政策、行业规划、价格政策、社会总需求、经济运行情况、投资形势、产业投资指导目录、重大政府投资项目招标投标等信息，引导投资者正确决策，促进社会资源的合理配置。二是通过完善土地供应机制来引导和调控社会投资。采取规划引导和参数控制两种方式，来推动建立和完善新的土地供应机制。三是以政府投资方向的变化来引导社会投资转变投向。2004年，为保持投资的适度增长，推动经济资源向郊区和农村转移，加快产业结构调整，通过优化政府投资结构来引导社会投资转变投向。在北京市政府投资的导向作用下，区县政府投资结构、银行贷款投向以及社会投资者的资金投向都发生了相应变化，经济资源在政府投资引导下，出现了向郊区和农村加速转移的势头。

（二）搭建城市轨道交通投融资平台

为缓解财政压力，推进轨道交通投融资建设和运营，对原北京地铁集团进行改组，在2004年成立北京市基础设施投资有限公司（以下简称京投公司），作为市级基础设施投融资平台，用以解决轨道交通的政府出资建设以及推动投融资建设和运营的市场化运作问题，推动轨道交通建设和运营的市场化运作。

在国有资产和政府资金的支持下，京投公司通过股权融资、发行企业债券、发行信托计划以及银行贷款等多种手段，开辟多元化的市场融资渠道。十多年来，京投公司通过创新发行超短期融资券、开展资产管理计划等产品，扩大市场化融资规模，全面落实北京市城市轨道交通建设资金需求，有效降低融资成本，保障了轨道交通项目建设。

（三）推动高速公路投融资体制的市场化改革

为适应首都经济社会发展和举办2008年夏季奥运会的需要，加快北京城市基础设施建设，广泛吸引社会资本投入城市建设，努力提供优质的公共产品和服务，2003年，北京市推动城市基础设施投融资体制改革，依法逐步放开北京市经营性城市基础设施建设和经营市场。2003年，选择京承高速公路二期工程等经营性项目面向社会投资者招标建设和运营。建立城市基础设施项目价格制定和调整的专家论证、价格听证、定期审价制度。在综合考虑市场资源合理配置和保证社会公共利益的前提下，建立与物价总水平、居民收入水平以及企业运营成本相适应的价格联动机制。改革高速公路收费方式，运用价格调控杠杆，逐步理顺交通等城市基础设施产品价格，定期公布总体价格走势预报。

(四)推进燃气、污水和垃圾处理项目的市场化运作

除了对轨道交通项目和高速公路项目投融资模式首次进行了市场化改革外,北京市在基础设施投融资体制改革中,还大力推进其他基础设施项目投融资建设运营模式的市场化,积极吸引社会投资者进入。对轨道交通和高速公路以外的基础设施项目进行的投融资模式的市场化改革,考虑到改革的渐进性、解决问题的紧迫性和与人民生活联系的紧密性,只对重点新建项目的投融资模式实施了市场化改革。

针对招商引资,除了采取招标投标之前的与潜在投资人接触等方式外,还通过各种平台、集中推介等方式开展招商引资。同时不断推动项目融资多元化,通过内外资联合、实施特许经营、申请国外政府贷款和世界银行贷款等方式,筹集项目资金,以减轻政府资金短缺问题。例如,为推动北京污水处理设施建设投融资体制改革,对排水行业进行资产重组,2003年组建了北京京城水务有限责任公司,该公司发挥北京市排水集团专业化运营和首创股份资本运作的优势,实现了强强联合,并为北京市排水设施建设搭建了一个良好的投融资平台,提高了首都排水设施的建设和运营水平。

(五)推动城际铁路投融资建设和运营模式创新

交通一体化是京津冀协同发展率先突破的重点领域。城际铁路具有快速、便捷、高效、安全、大容量、低成本的特点,有利于优化改善区域交通出行结构、调整疏解非首都核心功能、促进产业合作和大气环境改善,对打造"轨道上的京津冀"、构建京津冀世界级城市群具有重要的支撑作用,是未来一个时期京津冀交通一体化的重点领域。

为通过投资主体一体化带动区域交通一体化,促进京津冀协同发展,京津冀三省市政府、铁路总公司签署协议,成立京津冀城际铁路投资有限公司。投资公司注册在北京,初期注册资本100亿元,由京、津、冀三省市政府及铁路总公司按照3:3:3:1的比例共同出资成立。京津冀城际铁路投资有限公司以京、津、冀三地为一个整体对象,可以突破现有以行政区划为界限的建设模式,有利于形成统一的线网和市场。负责具体线路的项目公司注册在线路运营里程最长的省市,相关税收由沿线省市共同分享。同时,由投资公司作为发起人,以具体线路为对象,吸引社会投资人共同出资成立项目公司,统筹推进线路的投资、建设、运营及资源综合开发。

（六）鼓励社会资本参与机动车停车设施建设

停车设施是城市交通基础设施的重要组成部分，加快机动车停车设施建设，是解决特大城市停车难、缓解交通拥堵的有效措施，也是首都在新阶段做好"四个服务"，提升城市运行管理和服务水平的必然要求。鼓励社会资本参与机动车停车设施建设是推进交通基础设施投融资改革创新的重要举措。

2014年，北京市发展改革委等4部门联合印发《北京市关于印发鼓励社会资本参与机动车停车设施建设意见的通知》，聚焦核心区、医院、世界文化遗产周边、居住区等区域推进停车设施建设。

为保障停车设施建设，提出政策保障措施。一是针对公益性停车设施，按照"政府出地、市场出资"的公私合作模式（PPP），吸引社会投资人参与。参考一般基础设施项目，特许经营期不超过30年，内部收益率一般不超过8%。根据北京市政府批准同意的停车场建设专项规划，区、县政府制定本行政区域的实施方案，区、县交通行业主管部门牵头编制特许经营方案，报区、县人民政府批准。区、县政府交通行业主管部门通过招标等公平竞争方式选择特许经营企业。根据市政府价格主管部门确定的收费标准和停车场利用率等指标，测算收益水平。当测算收益水平高于约定收益，高出部分由区、县政府统筹；当测算收益水平低于约定收益，由区、县政府给予支持。市政府重点支持中心城区的三甲医院、行政功能聚集区、世界文化遗产等区域公益性停车设施建设，资金补助比例不超过项目总投资30%。二是其他停车设施，采取完全市场化方式建设。鼓励单位和个人通过租赁、合作、BOT等方式，投资、建设和经营停车设施。

（七）推进水务设施建设和运营模式创新

南水北调是解决华北地区资源性缺水问题的重大工程，为拓宽水利基础设施投入渠道，充分利用社会资源，发挥政府投资引导放大作用，促进南水北调配套工程建设，经北京市委市政府批准，2011年11月成立北京南水北调工程投资中心，承担北京市南水北调配套工程的投融资工作，并对银行贷款及债券等金融产品进行统贷统还，有效缓解了南水北调配套工程的资金压力。筹集资金主要用于北京市南水北调配套工程建设，贷款本息将利用南水北调水费收入和水资源费偿还。

2013年7月，在原有北京南水北调工程投资中心的基础上组建成立北京水务投资中心，为北京市国资委所属一级全民所有制企业，保障南水北调配套工程及中小河道治理资金。成立北京水务投资中心是为了"整合全市水务资源、破解水务融资难题",对水务资本进行市场化经营和运作,平缓政府当期投资压力,化解政府债务风险,保障资金需求,支撑水务事业大发展,推进北京水务改革,确保北京水安全。成立以来,确立了"资源资产化、资产资本化、资本证券化"的运作思路,成立以来不断创新融资模式,降低融资成本,拓宽融资渠道,南水北调配套工程融资效果显著。

(八)推进基础设施 REITs 试点

2020年4月,国家发展改革委、中国证监会启动基础设施REITs试点。9月29日,北京率先发布了《支持北京市基础设施领域不动产信托基金(REITs)产业发展若干措施》,为推动REITs产业高质量发展提供了有力的政策保障。2021年,中国基础设施REITs取得突破性进展。6月21日,首批基础设施REITs试点项目上市,我国公募REITs市场正式建立。截至2021年底,共11个项目发行上市,涵盖产业园区、高速公路、污水处理、仓储物流、垃圾焚烧发电等重点领域,共发售基金364亿元,其中用于新增投资的净回收资金约160亿元,可带动新项目总投资超过1900亿元,对盘活存量资产、形成投资良性循环产生了良好示范效应。

首批基础设施REITs试点项目中包括北京首个基础设施REITs项目:中航首钢生物质封闭式基础设施证券投资基金,该项目的发行正式拉开了北京基础设施REITs大幕。

总的来看,首都城市发展进入增量建设和存量提升的新阶段,基础设施建设成效符合预期,发展基础更为坚实,各领域的统筹更加有力,机制体制优势更加彰显,为首都功能提升和北京城市发展提供了坚实支撑。同时,发展中的难题依然存在,基础设施发展的不均衡、不充分问题依然存在,供给保障能力和运行效率有待进一步提升,精细化管理水平仍有较大提升空间,服务品质与人民日益增长的美好生活需要存在一定差距,需要在"十四五"时期加大改革创新力度,加强供给保障,进一步推动基础设施高质量发展。

四、实践案例

(一)北京地铁4号线PPP(ABO)项目案例

1.项目概况

北京地铁4号线是北京市轨道交通路网中的主干线之一，南起丰台区南四环公益西桥，途经西城区，北至海淀区安河桥北，线路全长28.2km，车站总数24座，工程概算总投资153亿元。工程于2004年8月正式开工，2009年9月28日通车试运营。该工程是我国城市轨道交通领域的首个PPP项目，项目由京投公司（北京市国有独资公司，承担北京市基础设施项目投融资、资本运营等职能）具体实施。

2.运作模式

4号线工程投资建设分为A、B两个相对独立的部分：A部分为洞体、车站等土建工程，投资额约为107亿元，约占项目总投资的70%，由京投公司成立的全资子公司四号线公司负责；B部分为车辆、信号等设备部分，投资额约为46亿元，约占项目总投资的30%，由PPP项目公司北京京港地铁有限公司（简称京港地铁）负责。京港地铁是由京投公司、香港地铁公司和首创集团按2:49:49的出资比例组建。

4号线项目竣工验收后，京港地铁通过租赁取得四号线公司的A部分资产的使用权。京港地铁负责4号线的运营管理、全部设施（包括A和B两部分）的维护和除洞体外的资产更新，以及站内的商业经营，通过地铁票款收入及站内商业经营收入回收投资并获得合理投资收益。

30年特许经营期结束后，京港地铁将B部分项目设施完好、无偿地移交给市政府指定部门，将A部分项目设施归还给四号线公司。

3.借鉴价值

建立有力的政策保障体系。北京地铁4号线PPP项目的成功实施，得益于政府方的积极协调，为项目推进提供了全方位保障。在整个项目实施过程中，政府由以往的领导者转变成了全程参与者和全力保障者，并为项目配套出台了《关于本市深化城市基础设施投融资体制改革的实施意见》等相关政策。为推动项目有效实施，政府成立了由市政府副秘书长牵头的招商领导小组；市发展改革委主导完成了4号线PPP项目实施方案；市交通委主导谈判；京投公司在这一过程中负责具体操作和研究。

构建合理的收益分配及风险分担机制。该项目通过票价机制和客流机制的巧妙设计，在社会投资人的经济利益和政府方的公共利益之间找到了有效平衡点，在为社会投资人带来合理预期收益的同时，提高了北京市轨道交通领域的管理和服务效率。项目采用"测算票价"作为确定投资方运营收入的依据，同时建立了测算票价的调整机制。以测算票价为基础，特许经营协议中约定了相应的票价差额补偿和收益分享机制，构建了票价风险的分担机制。如果实际票价收入水平低于测算票价收入水平，市政府需就其差额给予特许经营公司补偿。如果实际票价收入水平高于测算票价收入水平，特许经营公司应将其差额的70%返还给市政府。

建立完备的PPP项目监管体系。4号线PPP项目的持续运转，得益于项目具有相对完备的监管体系。清晰确定政府与市场的边界、详细设计相应监管机制是PPP模式下做好政府监管工作的关键。政府的监督主要体现在文件、计划、申请的审批，建设、试运营的验收、备案，运营过程和服务质量的监督检查三个方面，既体现了不同阶段的控制，同时也体现了事前、事中、事后的全过程控制。4号线的监管体系在监管范围上，包括投资、建设、运营的全过程；在监督时序上，包括事前监管、事中监管和事后监管；在监管标准上，结合具体内容，遵守了能量化的尽量量化，不能量化的尽量细化的原则。

（二）兴延高速公路 PPP 项目案例

1.项目概况

兴延高速公路是2019年世园会外围配套交通项目，也是2022年冬奥会期间中心城与延庆比赛场地的主要联络通道之一。项目位于京藏高速公路以西，南起北京市西北六环路双横立交，北至延庆京藏高速营城子立交收费站以北，全长42.2km。公路设计时速为平原地区100km/h，山区及隧道80km/h，双向四车道，预留两车道。全线于2015年10月启动建设，2019年元旦建成通车。项目建成后，将在原有京藏高速、京新高速的基础上为京西北方向再增加一条快速通道，缓解我国华北地区及本市西北方向现况交通压力，有力支持西北方向客货分流政策，进一步促进京津冀区域交通一体化。

2.主要做法

（1）运作模式。采用BOT模式投资建设，北京市政府授权市交通委作为实施机构，市交通委通过公开招标方式选择中铁建联合体作为社会投资人。首发集团作为政府出资人代表，与社会投资人共同成立项目公司，其中首发集团利用政府资本金出资占股49%，社会投资人出资占股51%，首发集团不参与分红。市交通委通过PPP合同授权项目公司投资、建设及运营管理兴延高速公路，期限届满移交政府。

（2）融资方式。项目总投资约131亿元，其中政府按可研批复总投资的25%出资；社会投资人按双方股权比例相应出资，剩余资金由项目公司负责筹集。

（3）回报机制。为增强项目的市场化条件，政府采取三种措施有效保障社会投资人的预期投资回报率：一是采用广告牌、加油站等多种经营收入增加项目的现金流；二是采用约定通行费标准的方式，由市财力对实际通行费标准与约定通行费标准之间收费收入的差额进行补贴；三是通过保底车流量的设计，政府承担最低需求的风险，适度保障公益性交通基础设施投资企业的利益，提高了社会投资人的参与度。

3.借鉴价值

（1）降低了项目投资运营成本。该项目经过充分市场竞争，中标通行费标准由预期的1.7元/（标准车·km）降至0.88元/（标准车·km），下降48%，政府每年补贴资金从预期的10亿元下降为3亿元，充分体现了PPP模式提高公共产品供给能力的优势。

（2）创新了投资回报机制。该项目是全国首例通过"约定通行费"在运营期对高速公路运营提供补贴的项目，为全国高速公路投资回报机制开创了新的路径。

（3）提供了高速公路PPP示范样板。该项目是近年国家层面力推PPP模式，出台一系列新的相关制度法规以来，北京市和全国范围内首条高速公路PPP项目，成功入选国家示范项目。项目的成功实践，为今后本市乃至全国高速公路PPP项目的推广，提供了可借鉴的成功经验，对推进高速公路建设运营市场化进程，解决高速公路集中建设的巨额资金需求，进一步降低投资运营成本、提升运营管理水平都具有重大的现实意义。

（三）通州——北京城市副中心水环境治理PPP项目

1.项目概况

根据《通州·北京市行政副中心水务发展规划》，通州水环境治理建设投资约359亿元。其中，供水项目投资约81亿元，由市自来水集团、市南水北调办组织实施；北运河（通州段）综合治理、乡镇再生水厂配套管网二期等防洪以及骨干污水管网工程投资约58亿元，由市区两级政府部门按照现行体制投资建设管理；其余项目总投资220亿元纳入PPP实施方案。按照副中心河流水系及镇域等实际情况将通州水环境划分为"两带、六片区"。其中"两带"为北运河生态带、潮白河生态带,"六片区"为城北片区、两河片区、河西片区、台马片区、潮牛片区、于永片区。

2.主要做法

(1)运作模式。市政府授权市水务局作为"两带"PPP项目的实施机构,通州区政府授权区水务局作为"六片区"PPP项目的实施机构。实施机构负责实施方案的编制、招商、PPP项目合同的谈判和签订以及项目全过程监管。招商选定的社会资本独资或与政府出资人代表合资成立项目公司,由项目公司负责项目的投融资、建设管理、运营维护,合作期满后项目设施无偿移交给政府。项目设施所有权归市水务局或区水务局所有,项目公司拥有项目设施的使用权和收益权。

(2)融资方式。政府与社会投资人按照一定出资比例组建项目公司,其余资金由项目公司通过市场化方式解决。

(3)回报机制。项目回报机制为政府付费。政府付费由可用性付费和绩效付费两部分组成。可用性付费的初始值根据批复的初设概算核算,实际值以发展改革部门或审计部门核定的项目决算为基础。绩效付费的初始值核算依据为政府审核认定的运营成本,在可研或初设阶段,由项目公司根据绩效考核标准提出运营和管护方案,政府相关部门对运管方案和成本进行审核。同时,根据社会资本中标结果约定的下浮比例对投资及运营数据进行相应的调整。

3.成效意义

(1)建立协调机制,规范项目操作。一方面,市政府高度重视,专门成立了市级层面的项目决策与协调机制,由市发展改革委、市财政局、市水务局和通州区政府对PPP实施方案进行深入研究,提出了相关完善措施。在各级政府和相关部门的大力推动下,项目的采购和谈判更加透明,决策更加科学民主,协调各职能部门更加高效。另一方面,通州区政府聘请专业咨询机构提供财务、法务、项目管理等顾问服务,提高项目决策的科学性、操作的规范性。

(2)建立合理的风险分担机制和收益分享机制。本项目在风险管理方面秉承了"由最有能力管理风险的一方来承担相应风险"的风险分配原则,在综合考虑政府风险管理能力、项目回报机制和市场风险管理能力等要素的基础上,通过组织机制、审批制度和协议条款等设计,在政府方和社会资本之间合理分配项目各项风险。

(3)规范的运作和充分竞争使得公共利益最大化。本项目整个运作过程规范有序，对潜在投资人产生了很大的吸引力，实现了充分的竞争。开标现场所有投标人的报价均远低于投标限价，建设成本控制、运营成本控制、投资回报目标等指标均优于政府传统投资模式。通过采购，通州城市副中心的水环境治理项目既引进了实力雄厚的社会资本，又引入了先进的管理经验，保障了通州城市副中心水环境建设的质量和效率。

（四）中航首钢生物质REITs项目案例

1.项目概况

中航首钢生物质封闭式基础设施证券投资基金项目（以下简称"中航首钢生物质REITs项目"），是全国首个固废处理类资产试点项目，底层资产为首钢生物质项目，包含三个子项目，即生物质能源项目、餐厨项目、暂存场项目，位于北京市门头沟区鲁家山首钢鲁矿南区。其中生物质能源项目2014年1月起开始运行。垃圾处理能力为3000t/日，年实际处理量超过100万t，约占北京市垃圾处理量的八分之一，主要处理来自门头沟区、石景山区、丰台区及部分海淀区、东城区、西城区的生活垃圾。项目设计年均发电量3.2亿度，年上网电量2.4亿度。餐厨项目设计日处理量100t，垃圾分类后目前稳定在约150t/日。暂存场项目为生物质能源配套项目，用于暂时存储生物质能源项目产生的焚烧炉渣。

中航首钢生物质REITs项目原始权益人为首钢环境产业有限公司（以下简称首钢环境），基金管理人为中航基金管理有限公司，资产支持证券管理人为中航证券有限公司。该项目于2020年12月由国家发展改革委推荐至中国证监会，6月21日在深圳证券交易所挂牌上市，准予募集份额总额为1亿份，发行价格为13.38元，实际发售基金总额13.38亿元，首钢环境及关联方作为战略投资人认购5.352亿元，占发行总金额的40%，净回收资金约8亿元。首钢环境拟将回收资金全部以资本金方式投资于生物质二期及河北永清生活垃圾焚烧发电厂项目。

项目公司聚焦生活垃圾处置及垃圾焚烧发电主营业务，2018—2020年，项目公司营业收入分别为3.92亿元、4.31亿元、3.60亿元；净利润分别为6641万元、8562万元、5374万元。首钢生物质资产质量较好，具有稳定的现金流收入。同时，首钢生物质业务规模趋于稳定，运营效率逐渐提升，其营业收入和净利润均保持健康稳定的增长态势。随着北京市垃圾分类理念的不断深化，首钢生物质在维持当前生活垃圾处理量的情况下发电量会进一步增加，营业收入和净利润将进一步提升，为公司的债务偿还提供良好的支撑。

2. 发行情况

（1）发行流程

该项目于2020年9月申报至北京市发展改革委，10月由北京市发展改革委申报至国家发展改革委，12月由北京市发展改革委正式推荐至国家发展改革委，国家发展改革委于2020年12月推荐至中国证监会及深圳证券交易所。

于2021年4月21日正式申报至深圳证券交易所，4月23日获正式受理，5月14日获交易所基金上市及资产支持证券挂牌转让无异议的函，并于5月17日获得中国证监会准予注册的批复。

于2021年5月19日发布询价公告，5月24日开展网下询价工作，网下认购配售比重为10.724%。5月31日—6月1日开展公众发售工作，公众配售比例仅为1.759%。到5月31日，该项目全部基金份额完成发售。

项目启动至正式上市挂牌期间，如期完成了资产重组，实现基金对项目公司的实际持有和控制。2021年6月21日，该项目在深圳证券交易所正式挂牌上市。

（2）产品结构

发行准备阶段，该项目底层资产由原始权益人首钢环境持有，资产重组后由北京首钢基金有限公司全资子公司北京首锝管理咨询有限责任公司（以下简称首锝咨询）持有。

产品发行阶段，基础设施REITs通过资产支持专项计划自首钢基金收购首锝咨询100%的股权。产品发行后，项目公司北京首钢生物质能源科技有限公司完成对首锝咨询的反向吸收合并，最终实现"公募基金+ABS+项目公司"的产品结构搭设。

产品存续阶段，基金管理人中航基金管理有限公司委托北京首钢生态科技有限公司作为运营管理机构，为该项目提供运营管理服务。

（3）发行结果

该项目共发行基金份额1亿份，初始询价区间为每份12.5～14元，通过网下询价确定发行价格为13.38元，发行总规模13.38亿元。投资者包括战略投资者、网下投资者和公众投资者三类。其中，战略投资者包括原始权益人首钢环境及其同一控制下的关联方首钢基金等9家，共认购8.028亿元，占比60%；参与询价的网下投资者共29家，最终获配24家，有效认购倍数9.32倍，共认购3.7464亿元，占比28%；公众投资者基金认购申请确认比例为1.76%。共认购1.6056亿元，占基金发售总额的12%。

3.借鉴价值

拓展了企业资产转型的新思路。企业转型迈出新的历史性步伐，对企业探索资产由重向轻转型路径，有效盘活存量资产，提高资产证券化水平具有重要战略意义，为环境产业发展提供了新的思路，也为未来园区类资产经营管理和可持续性开发提供了宝贵经验和广阔前景。

探索了固废类基础设施投融资机制创新。公募REITs是国家在基础设施领域投融资机制的一项重大创新，项目是全国首批基础设施领域不动产投资信托基金（REITs）试点项目之一，填补了当前金融产品空白，拓宽了社会资本投资渠道。中航首钢生物质REITs项目作为全国首个固废处理类REITs试点，既是北京市在更高水平上践行绿色发展理念的重点项目，也是首钢推动企业高质量发展的重要举措。

参考文献

[1] 范九利，白暴力，潘泉.基础设施资本与经济增长关系的研究文献综述[J].上海经济研究，2004（1）：36-43.

[2] 林毅夫.基础设施投资魔力[J].资本市场，2014（8）：9.

[3] 罗斯托. 从起色进入持续增长的经济学[M]. 成都：四川人民出版社，1988.

[4] 王丽辉.基础设施概念的演绎与发展[J].中外企业家，2010（4）：28-29.

[5] 向爱兵.推动我国基础设施高质量发展[J].宏观经济管理，2020（8）：13-20.

[6] 朱伟，李芳.系统推进城市基础设施韧性建设[J].前线，2023（10）：47-50.

[7] 北田静男，周伊.日本站城一体开发演变及经验：以东京都市圈为例[J].城市交通，2022（3）：45-54.

[8] 张竹村.国内外城市地下综合管廊的发展历程及现状[J].建设科技，2018（374）：42-52，59.

[9] 翟国方，何仲禹，顾福妹.韧性城市规划：理论与实践[M].北京：中国建材工业出版社，2021.

[10] 李伟.新加坡基于虚拟模型发展智慧城市[J].检察风云，2021（15）：34-35.

[11] 周静，梁正虹，包书鸣，等.阿姆斯特丹"自下而上"智慧城市建设经验及启示[J].上海城市规划，2020（5）：111-116.

[12] 姜欢欢，李媛媛，李丽平，等.国际典型城市减污降碳协同增效的做法及对我国的建议[J].环境与可持续发展，2022，47（4）：66-70.

[13] 杨学金.重庆轨道交通6号线人性化设计[J].现代城市轨道交通，2016（2）：89-92.

[14] 宋迎迎.区域一体化下长三角科技创新共同体建设路径研究[J].中国物价,2023(12):48-51.

[15] 张宣,孙巡.全面对接虹桥国际开放枢纽整体提升内外开放水平[N].新华日报,2022-03-06.

[16] 郭建祥,高文艳,周健,等.虹桥综合交通枢纽[J].建筑实践,2022(3):90-97.

[17] 从智能网联的技术创新到数字车城的持续运营——百度ACE"双智"实践蓝皮书[Z].

[18] "数字治理+智慧赋能"全国城市数字治理创新案例(2022年)[Z].

[19] 毛腾飞.中国城市基础设施建设投融资问题研究[M].北京:中国社会科学出版社,2007.

[20] 丁向阳.城市基础设施投融资理论与实践[M].北京:中国建筑工业出版社,2015.

后 记

城市是人类文明的产物，同时又承载并推动着人类文明的演进。城市基础设施是城市存在和发展的必要条件，是经济发展的重要推动力，是城市生活品质提升的重要保证，其发展与城市变化息息相关。

未来的基础设施如何发展？应该如何发展？

当前，我国正处于全面建设社会主义现代化国家的新阶段，高质量发展是全面建设社会主义现代化国家的首要任务，构建现代化基础设施体系是建设社会主义现代化强国的重要支撑，是推动高质量发展的内在要求。对首都来说，需完整、准确、全面贯彻新发展理念，主动服务和融入新发展格局，立足首都城市战略定位，统筹新时代首都发展和安全，加强"四个中心"功能建设，提高"四个服务"水平，支撑"五子"联动成局成势，系统谋划，整体协同，优化基础设施布局、结构、功能和发展模式，调动全社会力量，加快构建系统完备、高效实用、智能绿色、安全可靠的现代化基础设施体系，实现经济效益、社会效益、生态效益、安全效益相统一，服务国家重大战略，支撑经济社会发展，为建设国际一流的和谐宜居之都奠定坚实基础。